竹林风景线模式构建研究与实践

陈其兵　郑仁红　著

科 学 出 版 社

北 京

内 容 简 介

围绕国家发展战略，建设最美竹林风景线。在四川省全力推动竹产业高质量发展战略背景下，本书依托宜宾市“竹林风景线模式构建研究与示范”竹产业科技专项项目，全面调研了全省竹林风景线建设情况，对竹林风景线模式构建与实践进行了详细阐述。全书共分为七章，包括绪论、竹林风景线的基础概念、构建理论、竹林风景线建设实践、构建模式、认定评价体系以及竹林风景线多重建设效益等内容。作为首次研究竹林风景线模式构建的专著，本书内容丰富全面，图片资料详实，观点阐述准确，示范案例代表性强。

从“宜宾经验”升华到“四川模式”，再延伸至“全国推广”，本书可供我国从事竹产业发展尤其是竹林风景线建设与研究的各级政府决策者、科研工作者、规划与实践者借鉴，也可为竹林风景线规划和建设提供参考。

图书在版编目(CIP)数据

竹林风景线模式构建研究与实践 / 陈其兵，郑仁红著.—北京：科学出版社，2023.3

ISBN 978-7-03-070637-9

Ⅰ. ①竹…　Ⅱ. ①陈…　②郑…　Ⅲ. ①竹林-景观-观赏园艺-研究
Ⅳ. ①S795

中国版本图书馆 CIP 数据核字（2021）第 229525 号

责任编辑：孟　锐 / 责任校对：彭　映
责任印制：罗　科 / 封面设计：义和文创

科学出版社出版
北京东黄城根北街16号
邮政编码：100717
http://www.sciencep.com

成都锦端印刷有限责任公司印刷
科学出版社发行　各地新华书店经销
*
2023 年 3 月第　一　版　　开本：787×1092　1/16
2023 年 3 月第一次印刷　　印张：10　3/4
字数：255 000

定价：188.00 元

（如有印装质量问题，我社负责调换）

《竹林风景线模式构建研究与实践》编委会

主　　编：陈其兵　郑仁红

副 主 编：朱芷贤　练东明

编　　委：周　鑫　吴林家　蒋文圆

石兆明　易桂林　蔡　璇　涂为熙

作 者 简 介

陈其兵，男，1963 年 3 月出生，博士，教授，四川农业大学风景园林学院原院长，国家“万人计划”领军人才，国务院政府特殊津贴获得者，四川“天府万人计划”创业领军人才，四川省学术和技术带头人，四川省突出贡献专家，四川省工程设计大师，国务院学科评议组成员，中国林学会园林分会秘书长，中国风景园林学会教育专委会副主任，中国风景园林学会园艺疗法与园林康养分会副主任，中国竹产业协会文旅康养分会主任，中国林学会竹子分会副主任。长期从事风景园林教学研究和人才培养工作，研究领域为风景园林规划设计与竹林风景线融合。主持和主研项目获国家科技进步二等奖 1 项，省科技进步一等奖 3 项、二等奖 6 项、三等奖 8 项，其他奖 8 项；发表学术论文 200 余篇，其中 SCI 收录 40 余篇；出版学术专著 10 部，主编全国统编教材 5 部，获省教学成果二等奖 1 项、三等奖 1 项。先后指导博士、硕士研究生 200 余人，主持各种规划设计项目 200 余项，其中获国内外规划设计奖 20 余项。

郑仁红，男，1979 年 8 月出生，四川宜宾人，中共党员，硕士研究生，2006 年 7 月毕业于中国林科院亚热带林业研究所生态学专业。现任宜宾市乡村振兴局党组成员、副局长，宜宾市林业和竹业局竹产业分局局长，中国林学会竹子分会常务理事。先后在长宁县政府应急办、长宁县开佛镇、长宁县林业和竹业局、长宁竹海国家级自然保护区管理局、宜宾林竹产业研究院等单位任职，长宁县第十五届县委委员、长宁县第十六届人大代表，中共宜宾市第五届党代表。长期从事林业行政管理、竹林风景线建设、竹林培育与综合利用等工作，曾荣获“全国生态建设突出贡献先进个人”“四川省绿化奖章”等荣誉。现主要从事竹林培育与利用、竹林生态等研究工作，先后发表学术论文 10 余篇。

序　一

中国是世界竹类植物种类最多、分布最广、面积最大、产量最大、栽培时间最长、应用历史最悠久的国家。竹子具有资源丰富、生长速度快、绿色环保、可再生、可降解、可持续、性能好等优势，如今广泛应用于建筑、装饰、家具、造纸、包装、运输、食品、纺织、化工和工艺品等领域。

巴山蜀水，竹韵悠长。四川竹资源富集，竹景观秀美。“一半翠竹一半田，竹林深处闻鸡犬。溪泉清清竹边过，竹下老者编竹篱”描绘出旧时川渝农家生活样貌，千百年来，蜀人爱竹、植竹、用竹，这里凝聚着深厚的竹文化、源远流长的竹文明以及竹与当地人民物质、精神生活永不分割的情谊。

为践行“绿水青山就是金山银山”理念，贯彻落实习近平总书记“要因地制宜发展竹产业，发挥蜀南竹海等优势，让竹林成为四川美丽乡村的一道风景线”的重要指示精神，四川省各宜竹区认真贯彻省委省政府推进竹产业高质量发展、建设美丽乡村竹林风景线部署，高起点编制发展规划，分区施策推进竹产业高质量发展，加快形成“一群两区三带”发展格局，充分挖掘竹林生态、经济、文化价值，绘就新时代竹美、业兴、民富的生态文明画卷。

2018 年以来，四川省依托 1800 万亩竹林资源和深厚的竹文化底蕴，按照政府引导、市场主体、互利共赢思路，不断创造提升翠竹长廊、竹林人家、竹林村镇、竹林景区。在如火如荼的竹林风景线建设大潮中，宜宾是先行者、示范者。

川南宜宾，三江叠翠，茂林深篁。宜宾有锦绣如画、碧波万顷的蜀南竹海，有长江两岸绵延不绝的翠竹绿廊，有龙头山下静谧宜人的竹文化生态公园，还有林徽因笔下“篁竹茅屋、渺茫疏雾”的高桥竹村……宜宾是全国竹资源最富集地区之一，也是川南竹产业集群核心区域。

该书从竹林风景线的起源与发展入手，结合著者多年的研究与实践，对“竹林风景线”定义进行阐述，归纳总结竹林风景线的建设类型、具体形式，明晰竹林风景线构建原则、评价体系、认定标准。以宜宾市竹林风景线建设内容为样例，充分展现“巩固竹生态、推动竹产业、挖掘竹文化”的独特价值，进一步勾勒美丽景观生态线、重点产业示范线以及活态文化展示线，提出竹林风景线构建模式、效益评价参考，为全国各地提供参考借鉴。

竹林风景线作为一种线性空间形态，串联城乡空间，交织融合多样活态，形成统一的网络空间系统，具有强大的生物要素流通、社会资源整合等功能。该书对竹林风景线在生态格局构建过程中的重要意义展开论述，深入探讨竹林风景线视角下生态域、生态过程及生态功能的具体内涵，详细阐述竹林风景线对维护重要生态功能、优化人居环境、保护生物多样性的多重作用，以期指导各地区构建自然生态、格局稳定、过程流畅、功能匹配的竹林风景线。

该书提出将“竹林风景线”看作一种“活态”的有机脉络体系，利用点轴开发理论解读竹林风景线的构建过程，揭示竹林风景线构建的内在原理。具体而言，将区域内竹林本底、产业文化等优质资源集中、增长优先开发的地区视为增长极，随着交通干线等基础设施逐步完善，极与极之间出现相互联结的发展轴线，由此实现资源流动互通，区域发展轴与增长极相互吸纳、互为促进，极化作用渐进扩散，生产要素逐渐壮大，逐步纵深推移，区域经济持续增长，实现竹林风景线空间与时间的动态连续发展。

期待该书能够在竹林风景线建设过程中发挥重要作用，为构建“美丽竹林风景线”提供范式参考，协同世界“竹”潮阔步向前！

中国工程院院士

序　二

竹似贤，何哉？竹本固，固以树德，君子见其本，则思善建不拔者。竹性直，直以立身；君子见其性，则思中立不倚者。竹心空，空以体道；君子见其心，则思应用虚受者。竹节贞，贞以立志；君子见其节，则思砥砺名行，夷险一致者。夫如是，故君子人多树之，为庭实焉。

中国竹类栽培与利用历史悠久。四川是大熊猫的故乡，竹种资源丰富、产业基础良好。2018 年，习近平总书记视察四川时作出“要因地制宜发展竹产业，发挥蜀南竹海等优势，让竹林成为四川美丽乡村的一道风景线”的重要指示，并迅速传遍了大江南北，广大竹农、竹企无比激动，由此掀起了新一轮竹业发展高潮。全国主要竹区党委政府心系万千竹农，出台政策若干，与乡村振兴融合发展，不断完善产业体系和生态体系，竹业十余年的衰颓之势由此发生改变。在习近平总书记的指引下，核心宜竹区——宜宾市，依托广袤的竹林资源、翠美的竹林风光、深厚的竹文化底蕴，在竹林风景线建设上已取得丰硕成果，最美竹林风景线建设的中国样板雏形初现，“中华竹都”之美誉定将实至名归！

长江首城·竹都宜宾，三江汇流，六山环抱，是全国十大竹资源富集区之一。宜宾素以创新先行为名，2019 年再开全国之先河，撤宜宾市林业科学研究院，建宜宾林竹产业研究院，瞄准竹特色资源，汇聚全国竹业专家，共同开展产业技术攻关，我亦受邀担任其学术委员会主任，作为一个曾与竹结缘、爱竹一生之人，能为“中华竹都”略尽绵薄之力，甚幸至哉！2021 年，宜宾主动融入成渝地区双城经济圈建设，创新组建成渝竹产业协同创新中心，主动担当、敢为人先，令全国竹业科技工作者倍感振奋，盼大家携手助力川渝竹业科技创新，倾心宜宾竹业高质量发展。著者邀我为书作序，当欣然允之。

乘全国大兴竹林风景线建设之势，宜宾林竹产业研究院联合四川农业大学风景园林学院共同组建竹文旅创新研究团队，在四川多地指导竹林风景线建设实践。基于严谨的调研分析与丰富的实践经验，该书界定了竹林风景线概念，提出了适宜不同目标的多种构建模式，阐述了建设方法与路径，还提供了评价标准参考和若干实践案例。

通观该书，提醒读者关注三个方面。其一，竹林风景线的学理。“竹林风景线”在各地实践发展中定义各有不同，亟待规范统一。在该书中，作者对“竹林风景线”进行了狭义与广义上的理解，明晰了其有机构成与定义的基本范畴。其二，竹林风景线的构建。“竹林风景线”集成了历史文化、园林景观、生态康养、经济效益多位一体的竹区发展路线。通过多级脉络体系结合多元构成要素总结不同功能的模式构建，由此形成了有机融合的风景线脉络系统。其三，竹林风景线的评价。科学分析竹林风景线构建的脉络体系之后，着重对其构建模式进行深入探讨，归纳出三种基本构建模式，辅以相应的实践案例，最后总结竹林风景线的评价体系。

掩卷而思，受益良多。该书以理论严谨性与建设实用性为重，所得理论可以广泛适用，模式方法已得实践验之，具述案例可为他山之石。于我而言，知竹之雅韵清风、竹之万用于民更甚，于行政管理者、科研学者、设计施工者，竹子痴迷者，或亦有诸多裨益。

是之为序也。

曹福亮

中国工程院院士

目　　录

第1章　绪　　论

1.1　竹林风景线的起源与发展

2018 年 2 月，习近平总书记在四川考察时指出，“四川是产竹大省，有关竹子的诗词佳话也流传甚多，薛涛遍栽名竹的望江公园，苏轼取竹舍肉的典故，让四川的竹子增添了几多文化色彩。要因地制宜发展竹产业，发挥好蜀南竹海等优势，让竹林成为四川美丽乡村的一道风景线。”该重要指示深刻阐述了竹子独特的历史文化价值、生态康养价值和产业经济价值，首次提出“竹林风景线”概念，将竹子与习近平新时代生态文明思想紧密相连，用竹子深刻诠释了“绿水青山就是金山银山”理念，也为四川省如何发展竹产业，践行“两山”理论提供了根本遵循、发展路径和措施办法。

四川省委省政府坚持以习近平新时代中国特色社会主义思想为引领，深入践行生态文明思想和“绿水青山就是金山银山”理念，高度重视竹产业发展。2018 年 12 月，四川省委省政府印发《关于推进竹产业高质量发展建设美丽乡村竹林风景线的意见》（川委发〔2018〕34 号），提出了推进四川省竹产业高质量发展的指导思想、目标任务与总体布局，要求扎实推进竹林资源提质增效、大力推动竹文化与竹旅游深度融合、着力推动竹产品加工转型升级、加强产业品牌和市场体系建设、强化竹产业高质量发展工作保障，推动全省竹林风景线建设与竹产业高质量发展。2020 年 1 月，全省竹林风景线建设现场推进会在眉山召开。会议提出/强调，全省将聚焦聚力、对标对表，高质量推进竹林风景线建设，致力打造竹林风景线建设与林业生态旅游结合、与竹林产业基地结合、与乡村振兴结合、与大熊猫保护及国家公园建设结合。2020 年 5 月，四川省林业和草原局发布《四川省林业和草原局关于 2020 年进一步推进竹林风景线建设的意见》（川林发〔2020〕2 号），提出了打造一批复合型竹林景区、建设一批高质量翠竹长廊、培育一批高品质竹林小镇和竹林人家、发展一批精致的城镇竹园林等主要任务。

根据四川省林业和草原局数据显示，截至 2019 年底，四川省竹林面积达到 1780 万亩（1 亩≈666.67m^2），竹业综合产值超过 550 亿元，建成省、市级竹产业园区 6 个，全省竹浆产能达到 100 万吨，竹笋和竹家具加工能力分别达到 50 万吨和 20 万套，加工能力位居全国前列。截至 2020 年 1 月，全省已建成 10 公里以上翠竹长廊（竹林大道）17 条、总长度 370km，初步建成竹林小镇 6 个。随着竹林风景线建设加速，2019 年全省竹旅游康养人次和服务产值均实现 20%以上高增长。截至 2020 年 12 月，全省竹林面积达到 1812 万亩，其中现代竹产业基地达到 936 万亩，分别比 2017 年增加 59 万亩和 181 万亩。同时，四川竹加工体系初步形成，基本形成了竹片加工、竹笋加工、竹浆造纸、竹人造板、竹工艺品、竹饮料、竹家具、竹炭等加工体系，竹产品加工转化率达到65%，比2017年增加13个百分点，竹材制浆造纸产能达230万吨、竹笋加工能力70万吨，分别比2017年增长11%和27%，产品质量稳步提升，全省实现竹产业总产值605.9亿元。2021年，全省新认定竹产业高质量发展县4个，累积达8个；新认定现代竹产业园区6个，累计达10个，现代竹产业基地突破1000万亩，竹产业综合产值超900亿元。截至2022年8月，现代竹产业基地达千万亩以上；全省竹材制浆产能突破170万吨，占全国总产能的70%，竹浆及纸产品产量和销售收入均居全国第一。《四川省“十四五”竹产业高质量发展和竹林风景线高质量建设规划》指出，到2025年，全省竹林面积将稳定在1800万亩以上，现代竹产业基地达到1200万亩以上；竹浆及造纸产能分别超过200万吨，竹笋加工能力突破100万吨；建成高质量翠竹长廊(竹林大道)60条和一批竹林景区(点)，建成国家和省级现代竹产业园区15个；竹产业总产值达到1200亿元。

四川省将依托资源分布和发展基础，推动形成“一群两区三带”(川南竹产业集群，成都平原竹文化创意区、大熊猫栖息地竹旅游区，青衣江、渠江、龙门山三大竹产业带)的发展格局，开发竹林的生态、经济、康养、文化等效益，让竹林成为四川美丽乡村的一道风景线。

1.2 竹林风景线的建设意义

巴山蜀水，竹韵生香。作为全球最适合竹类生长的区域之一，天府四川竹资源富集、竹景观秀美、竹文化深厚、竹文明源远流长。时任四川省委书记彭清华指出：“四川种竹、用竹、爱竹历史悠久，推进竹产业高质量发展是我省贯彻落实习近平总书记来川视察重要讲话精神的重要内容，也是筑牢长江上游生态屏障，助力竹区县域经济发展的务实举措。各地特别是重要竹产区和相关部门要深入践行两山理念，紧紧围绕助农增收和乡村振兴的目标，因地制宜、因势利导、精准施策，在优化布局、调整结构、完善政策、创新机制等方面下功夫，加快构建新型竹产业生产体系、产业体系、经营体系、服务体系，充分发挥竹产业生态效益、经济效益和文化效益，为实现竹资源大省向竹经济强省转变、推动治蜀兴川再上新台阶做出积极的贡献。”

建设竹林风景线，对于深入贯彻习近平总书记来川视察重要讲话精神、认真落实“四川是产竹大省，要因地制宜发展竹产业，让竹林成为四川美丽乡村的一道风景线”指示要求，高质量发展绿色经济、实施乡村振兴、建设美丽宜居公园城市具有重要意义。通过着力打造山水相依、人文浸润、万竿挺翠、芳草萋萋、鸟语花香的竹林生态颜值线、富民产业线、文化传承线，营造朝气蓬勃、繁荣时尚、美丽和谐、生态宜居的城乡环境。

勾勒美丽竹林风景线，描绘绿色生态颜值线。以竹林景观为底色，搭配多色谱、多品种、多元素植物，因地制宜分别形成环城竹林风景、沿江竹林风景以及沿路竹林风景等。实现处处见竹、户户成景，营造翠竹掩映、绿道相连、清风雅韵的竹林景观。将竹林风景线建设与生态保护有机结合，牢筑城镇生态屏障。

勾勒美丽竹林风景线，描绘多元富民产业线。抓住发展机遇，持续推进竹产业升级改造，延伸产业链、拓展功能链、跃升价值链。不断提升竹林丰产培育及经营技术、竹产品生产研发技术，产学研联动，跨界融合、协作共赢。坚持以竹富民，为中国竹业谱写新篇章，为人类生活高质量发展开启新征程。

勾勒美丽竹林风景线，描绘历史文化传承线。展示竹韵魅力，加强文化表达。坚持开放引领、跨界合作。利用新技术加强竹文化与竹种植、竹工艺、竹创意设计深度融合，利用新媒体开创传统文化传播新模式，共建和谐共融新常态。焕发竹文化新活力，引领生活新风尚，实现文化现代语境下的新传承。

第 2 章　竹林风景线的概念、分类及形态

2.1　竹林风景线的概念

2.1.1　定义

风景线(scenery line)是指在一定的条件下，以山水景物以及某些自然和人文现象所构成的足以吸引人们欣赏的狭长景象区域。狭义上，风景线指由一连串相关景点构成的线性风景形态或系列，也称景线。景物、景感和条件是构成风景线的三类基本要素。广义上，风景线指自然资源与人工资源相结合，通过串联城市功能空间、区域资源空间、乡村功能空间，控制和柔化边界，与周边地区发生连续的渗透与融合，达到城乡空间交融、联动的作用。因此，风景线不是单纯的连接关系，而是将不同区域进行选择性整合所形成的具有强大生态免疫能力的多功能复合体。

竹林风景线(bamboo scenery line)，狭义上可以理解为，是拥有线性空间形态的竹林群落或由一连串与竹相关的景点构成的线性系列。广义上定义为，以竹为主要物质要素，不仅有表象的观赏美学特征，更有内涵的精神特质，既要打造生态美、环境美、形态美、人文美的竹林风景，又要建设优质高效的竹种植体系，三产融合的竹生产体系，标准化、集约化、专业化的竹经营体系，全方位、全链条、一站式的竹服务体系(图 2-1)[1]。

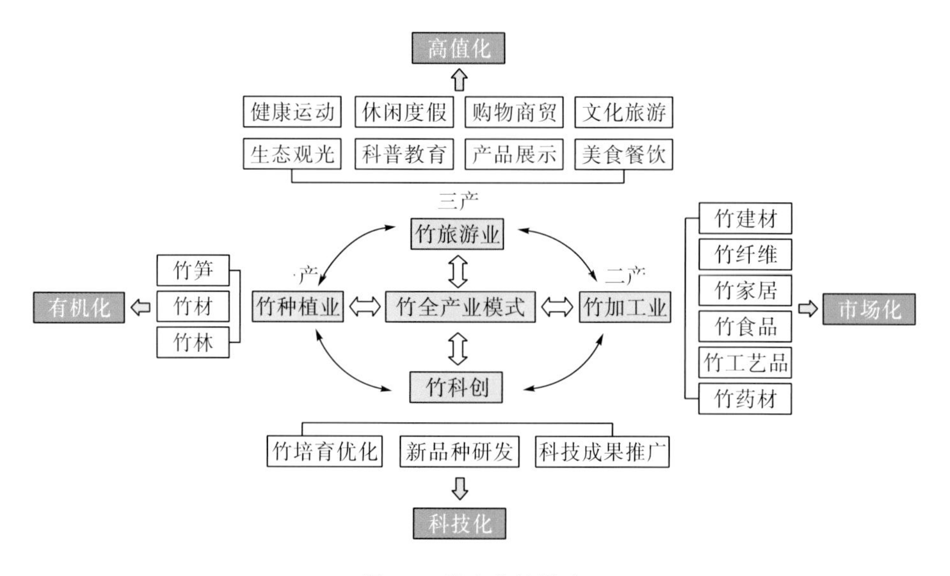

图 2-1　竹产业链模式

2.1.2　效能作用

1. 因地制宜的保护优化

以竹林资源清查数据和统计年鉴等数据为基础，分析群落多度分布格局与结构特征，明确有机串联体系，在已有的竹林保护目标前提下，发展多元资源类型，打下良好的建造基础，重点工作包括竹林资源的收集与保存、良种筛选和繁育以及新品种培育等。在资源要素得以保障的前提下，结合传统的竹林资源与巴山蜀水的地理优势，共同打造美丽城乡竹林风景线。

2. 大面域与点带状的集优分布

竹林风景线是以竹基地、竹林风景区为“面”，做“竹”文章，集竹历史文化、生态康养、产业经济价值为一体的竹区发展线。竹林风景线具有明显的点、线、面特征，以已有竹林资源为基础，突出重点维护与打造，其中以小范围的竹林景点为点，以所在地江河与重要的交通干道为骨架线，以大片的竹林生态资源为面，共助竹林风景线的立体生态与高质量发展。

3. 牢筑长江上游的生态屏障

竹林风景线是建设绿水青山的生态风景线。已有不少研究表明竹林在涵养水源、保育土壤、固碳释氧、林木营养物质积累和生物多样性保护等方面具有重要生态作用。竹林风景线营造也是竹林生态线营造，作为长江上游生态绿色屏障的重要组成，竹林风景线在保护自然生态竹林、营造生物栖息地、提供绿色休闲康养地等方面具有巨大潜力。

4. 深度融合的提质增效

利用竹林风景线资源，营造新景观、发展新产业是必然趋势。营造竹林风景线需深挖竹产业经济价值，在丰富竹产业文化线的基础上，以竹景、竹林为媒，促进竹产业升级，逐步形成以竹食品、竹板材、竹家具、竹纤维、竹浆粕、竹饮料、竹炭、竹工艺、原竹材等为主的发达的竹产业体系；竹产业链从竹种植、竹加工延伸到竹旅游、竹会展、竹文创等领域，使竹资源被全价值利用，最大限度地提升经济效益。同时打造各类现代竹产业发展示范区、工业园区，做大做强竹产业，延伸产业链，包括加强乡风文明建设、加深竹文化印象、提高竹林附加价值等，以推动竹区全面高质量发展。

综上可见，竹林风景线不是单一的景观工程，更不是政绩工程、形象工程，而是一条以竹林风景线构建的生态线、富民线，具有丰富的效能。首先，是以因地制宜为原则的保护优化，通过环境小成本达到生态大效益，在不违背自然本底的基础上对现有的竹景进行提档升级，牢筑长江上游的生态屏障；其次，是服务产业发展的综合集优分布，保障竹加工产业的原料供给与基础布局，共筑生态产业高质量发展；最后，是深度融合现有资源促进一二三产业的升级，包括提升村容村貌、展现竹林优美景观、促进乡风文明，使竹文化竹精神影响深远，提高竹康养效益，增加竹林风景线附加值，最终建成“竹业三产融合、助力人民富裕”的竹林风景线。

2.1.3 构建形式

竹林风景线主要有八大构建形式，分别为翠竹长廊、现代竹产业基地、竹林康养基地、竹林人家、竹林小镇、竹特色村、竹林景区、城镇竹园林。

1. 翠竹长廊

翠竹长廊是竹林风景线中最典型的表现形式，具体指在自然环境中呈线性或带状布局的，能够将在空间分布上较为分散的生态景观单元连为一体的景观生态系统空间。翠竹长廊不仅包括沿道路、河流的竹林带状系统，从空间结构上看，还包括由纵横交错的廊道和生态斑块有机构建而成的竹生态网络体系。

2. 现代竹产业基地

现代竹产业基地是在农业产业基地构建的理论基础上，依靠地方特色建设的一种交叉产业基地。它以竹子的生产活动为核心，依托地域良好的生态环境和丰富的竹资源，将竹子种植、笋竹加工和生态旅游等结合起来，形成产业链，是对当地和周边地区经济起推动作用的产业区域。现代竹产业基地是林业技术集成的载体，是市场和林农连接的纽带，也是现代林业发展的新途径。现代竹产业基地的建设必须依赖良好的基础和条件，如优越的竹资源、政策扶持、技术引进、基础设施等等。

3. 竹林康养基地

以竹林生态系统和优越的竹林生态环境资源为依托，利用地方特色提供运动疗法、饮食疗法、水疗法、芳香疗法，以及文化启智、自主训练、心理辅导等多种形式的竹林康养保健项目，以促进到访者强身健体、修身养性为目的，满足不同人群的物质和精神需求。

从总体层面看，竹林康养基地建设需要注意以下方面：一是充分体现竹林康养功能，在保护竹林生态系统的前提下，开发竹林康养产品，合理组织竹林康养活动，突出竹林康养功能；二是做好宏观规划，确定基地的性质、规模和空间发展布局，统筹安排分区建设和建设项目；三是尊重自然，突出基地的自然野趣，保持资源的自然状态和完整性，建筑物和基础设施建设要与自然环境协调，尽量少破坏自然生态系统；四是突出特色，竹林康养基地应因地制宜，根据自身的资源优势，针对主要的客源市场来设置康养项目和康养课程，确定基地的核心竞争力，避免出现同质化。

4. 竹林人家

源于农家乐，以农户为单位，以良好的竹林环境和较高的游憩价值为依托，充分利用竹林生态资源和乡土特色产品，融竹文化与民俗风情为一体，为旅游者提供吃、住、娱等服务。

5. 竹林小镇

以镇为单位，依托竹林资源和生态优势，在充分发挥其改善空间质量、净化环境污染、保护生物多样性等生态功能的同时，进一步融合产业、文化、旅游和社区等功能所形成的生态城镇发展形式。这一形式既有助于竹林资源保护和城镇生态文明建设，又能够促进旅游、养老、健康等新兴产业的发展，从而提升新型城镇化建设的质量。从发展理念上看，竹林小镇的建设应遵循生态环境保护与经济协同发展的可持续发展理念。一方面，合理配置森林资源，在盘活现有竹林资源存量的同时，扩大竹林资源的增量，以此形成稳定健康的竹林生态系统新格局；另一方面，促进竹林小镇林下经济的发展及其与旅游、文化、休闲养生等产业的融合，形成生产要素有序流动的功能性平台，实现以林为主的综合开发，推动绿色创业，以生态建设助力当地经济发展，改善居民生活质量。

6. 竹特色村

特色村是一种新型的村镇，与一般的村镇不同，它既可以指行政村，也可以指非行政村。竹特色村是指具有良好的可观赏性、空间组合和保存度等资源禀赋，具有显著竹特色价值的科研教育、休闲游憩、地方特色和文化传承意义，具备优势突出的品牌号召力、产品特色力和市场适游力资源的乡或村。由定义可以看出竹特色村镇既要有丰富的生态资源，又要有一定的特色价值。生态资源是其发展的物质基础，特色价值是其发展的内涵，是村镇历史底蕴和外在特征等方面的综合体现。

7. 竹林景区

源于“旅游景区”，《旅游景区质量等级的划分与评定》(GB/T 17775—2003)中界定：“旅游景区是以旅游及其相关活动为主要功能或主要功能之一的空间或地域。本标准中旅游景区是指具有参观游览、休闲度假、康乐健身等功能，具备相应旅游服务设施并提供相应旅游服务的独立管理区。该管理区应有统一的经营管理机构和明确的地域范围。包括风景区、文博院馆、寺庙观堂、旅游度假区、自然保护区、主题公园、森林公园、地质公园、游乐园、动物园、植物园及工业、农业、经贸、科教、军事、体育、文化艺术等各类旅游景区。”国内有学者提出，旅游景区是指由多个相对独立的旅游景点组合而成的较大的、相对独立的地域单元。也有专家认为旅游景区是从事商业性经营的供游客参观、游览和娱乐的接待场所。此外，还有一些学者认为旅游景区指旅游资源特色相似、旅游点连线紧密、旅游设施相互配套的连片区域；旅游景区是以满足人们观光、休闲、娱乐、科考、探险等多层次精神需求的、自然的、人文的或人造主题性的旅游资源集合的特定小空间尺度区域。综上所述，“竹林景区”可以理解为具有吸引旅游者前往游览的、明确的、以竹林作为主要优势生态资源的旅游吸引物(区域场所)，能够满足游客游览观光、消遣娱乐、康体健身、求知等旅游需求，具备相应的旅游服务设施并提供相应旅游服务的独立管理区，这一管理区由系列相对独立的小尺度景点组成。

8. 城镇竹园林

城镇园林是城镇绿地系统中的“绿洲”和环境优美的游憩空间。竹园林则是以“竹”的各种形态为主要造景要素，为城市居民提供文化休憩以及其他活动的场所，也为人们了解社会、认识自然、享受现代科学技术带来了种种便利。此外，竹园林对美化城市面貌、平衡城市生态环境、调节小气候、净化空气等具有积极作用。城镇竹园林既可以体现某个国家或地区的建设水平和艺术水平，又是展示当地社会生活和精神风貌的橱窗。其包括竹类公园、竹特色庭院、竹类小游园、特色广场、街旁绿地等等。

2.2 竹林风景线的分类

竹林风景线具有多种类型，本书结合竹林风景线的相关概念及现有案例，按照建设目的与功能、建设地基础、构建形式、营造要素四种方法对其进行分类。

2.2.1 按照建设目的与功能分类

根据不同建设目的与功能，竹林风景线可分为生态保育型、观赏游憩型、特色产业型、多功能复合型四种类型。

1. 生态保育型

生态保育型竹林风景线建设重在落实节约优先、保护优先、自然恢复为主的规划方针。建设过程中严守生态保护红线，以绿色发展引领风景线建设。树立生命共同体理念，将竹林、乔木、灌木、杂草、鸟、虫、菌与无机环境形成一个相对独立又互相联系的整体，同时与外部面状竹林资源、新建绿色生态斑块(公园绿地、湿地等)形成更加完整、庞大的生态系统，在保证风景线生态前提下进一步发挥现有竹林的生态价值，与其他重要生态系统保护修复等重大工程共同推进(图 2-2)。

图 2-2 竹林风景线(生态保育型)

2. 观赏游憩型

观赏游憩型竹林风景线主要是基于生态旅游开发思路和基础较好的区域开展，以实现竹林风景线优美画卷建设。以竹类植物为主，搭配乔、灌、花、草，形成多层次植物群落，打造竹旅游观光生态长廊，并利用水系水网与道路干线串联竹资源，构成完整的竹林景观空间体系，同时关联竹林各产业面域、文化与自然景观、城乡特色，建立竹林风景线游憩旅游路径链条(图 2-3)。

图 2-3　竹林风景线(观赏游憩型)

3. 特色产业型

特色产业型竹林风景线通过竹林资源功能，以实现特色产业发展、带动当地发展为目标。整合已有竹林资源的相关文化、手艺的守护者和传承人，以“以人文本、突出本真”为总体发展思路，探索竹林风景线开发建设与创新模式，以“产业特、文化特、风貌特、体制机制特”为标准，充分发展竹林“产业线”，推进风景线建设的综合利用(图 2-4)。

图 2-4　竹林风景线(特色产业型)

4. 多功能复合型

多功能复合型竹林风景线要求最大限度发挥竹林生态、经济与社会美育价值。因地制宜，因时制宜，采取借助原有的绿林或荒山绿化、岸线修复、景观营造等生态措施，竹木混交、竹花结合、竹彩相映等美景措施，笋竹采收、竹林养生、竹下活动等兴产措施，布局多功能复合的竹林风景线。综合竹资源基础、竹观赏价值、历史文化价值、科学价值、环境特点，从其现状问题出发，考虑多种要素、融合多样功能进行实际开发应用，提高规划的落地性与可实施性(图 2-5)。

图 2-5　竹林风景线(多功能复合型)

2.2.2　按照建设地基础分类

按照建设地基础，竹林风景线可分为高标准建成型和提质改造型。

1. 高标准建成型

高标准建成型竹林风景线指的是由于原有建设基地竹资源较为缺乏或为完善“点、线、面”区域竹产业整体发展而重新规划、保质建设的以观竹、用竹为主的风景线。在建设中保证统一规划设计、统一建设标准与统一效果呈现，最终形成具有城市与乡村基本美学、社会功能的复合型生态屏障、观光、游憩森林。同时将符合要求的规模化、标准化竹林下生态种植建设项目列入林产业项目，共同推进竹林复合经营(图 2-6)。

图 2-6　竹林风景线(高标准建成型)

2. 提质改造型

提质改造型竹林风景线主要是在现有的竹资源基础上提档升级，是常见的风景线优化形式。在保护生态环境的前提下对原竹林、竹道或川西林盘等资源重新进行规划布局建设，通过见缝插竹、荒山种竹、岸线补竹等改造手法，强化原有基地建设，形成竹林风景，并融合康养、养生、养老、休闲、旅游等多元化功能，促进竹产业三产融合(图 2-7)。

图 2-7　竹林风景线(提质改造型)

2.2.3　按照构建形式分类

按照构建形式，竹林风景线可分为节点式、廊道式和区域型。

1. 节点式

节点式竹林风景线以竹林盘、竹林公园、竹林湿地、竹林新村、竹林小镇、竹林人家等为“点”进行串联，用“竹”元素打造美丽乡村竹林风景。将竹林、高大乔木、河流及外围耕地等自然环境有机融合，形成竹林风景线名片(图 2-8)。

图 2-8　竹林风景线(节点式)

2. 廊道式

廊道式竹林风景线包括竹道、竹廊以及交通干道、支路、河流水域、水岸周围新建或已有的带状竹林带。建成后与一定意义上的“生态廊道”接近，通过乔、灌、草、花、藤合理搭配打造四季常绿、三季花香、主次分明的竹林带。规划沿路景观充分考量在地文化以及特色植物，适时安排竹景观节点，打造提供便捷交通、体验自然人文、享受休闲生活的综合空间网络，营造宜业、宜居、宜人的竹林廊道景观(图 2-9)。

图 2-9　竹林风景线(廊道式)

3. 区域型

区域型竹林风景线主要指生态基底较好、面积较大的一些竹林景区、竹林公园或大片的原生竹林。区域型竹林风景线需按照整体性和原真性要求，实施严格的生态保护与修复，同时控制游人容量，以展现竹林的原生态美、保护生物栖息地为主。建设内容包括精准提升竹林质量、丰富生物多样性、减少水土流失、改善区域生态环境和水域生态功能等等(图2-10)。

图2-10 竹林风景线(区域型)

2.2.4 按照营造要素分类

按照营造要素，竹林风景线可分为自然式和人文式。

1. 自然式

自然式竹林风景线重在展现竹林资源原生态美，也包括所在区域的田园风光、山林景观、城市风貌等等。自然式竹林风景线建设不仅要求全面加强竹林资源生态保护，更要以建设绿色、人文、和谐的风景线为目标，在保护风景线自然资源、维持生态安全格局的同时可持续地利用风景线自然资源。在设计规划时可采用“竹+1+N”的建设规划理念，以竹林景观为底色，突出主题树种，搭配多色谱、多品种、多元素来营造林内景观(图2-11)。

图 2-11 竹林风景线(自然式)

2. 人文式

人文式竹林风景线重在与当地文化结合或以传递某种精神内涵为主，如红色文化、宗教文化、民俗文化、地域文化等。规划设计时需突出竹林带差异性，避免千篇一律或单一林种造林，同时结合本地其他人文自然景观，使风景线与当地丰富的历史人文深度融合(图 2-12)。

图 2-12 竹林风景线(人文式)

2.3　竹林风景线的形态

2.3.1　定性研究

1. 基于生态修复的形态

(1) 林分活力

林分活力是林地物质循环和能量流动的集中体现，通过多个方面共同表达。竹林生长周期短，林内更新快，林分活力体现在以下三个方面：一是竹林对太阳能的利用能力，即竹林的光合速率、呼吸速率、净光合能力；二是竹林内总生产力的增加，即竹林的发笋、退笋、成竹及总生物量；三是竹林自身的生长特性，即胸径、高、鞭根活力和林分郁闭度等。

(2) 林分结构

关于林分结构的研究主要从林地的树种组成、多样性分布、空间结构以及年龄组成等方面展开。林分结构是林地存在的基本表达形式，林分结构的合理性与林地的稳定和可持续发展能力呈正相关关系，是林地生态恢复、健康发展的结构基础。

(3) 不同竹林生态经营

竹林生态经营类型包括森林竹林经营、农作竹林经营、园林竹林经营、种质资源竹林经营四大类。森林竹林经营包括材用竹林、笋用竹林、纸浆竹林、笋材两用竹林、森林观光竹林、生态公益林。其中生态公益林占有较大面积，主要有松竹混交林、竹阔混交林等一系列竹林与其他树种混交形成的林区。农作竹林经营是笋用为主(包括少量特殊用材的集约竹林)并采用农业栽培的方式进行专项培育的竹林。园林竹林经营是在自然景观的基础上，叠加文化特质而构成的景观，也有主题景观，主要起到点缀、烘托作用，突出人文景观主题。种质资源竹林经营，即在收集当地和其他区域竹子资源的前提下，进行合理的规划、布局和界定。种质资源竹林的建立是选育优良竹种、保护生物多样性的有效措施，对竹产业的可持续发展具有重要意义。

2. 基于美学视角的形态

(1) 流动性和延展性

线是运动中的点的轨迹，线性空间本质上具有流动性和动态性，线性空间的网状连接可以保证其流动功能的实现。在城乡空间连接体中，其流动性和延展性是解决城镇化负面问题的一个重要因素，竹林风景线作为城乡空间连接体的重要一环，具有灵活、边缘伸缩特点[2]。这种流动性与延展性在一定程度上决定了竹林风景线的可持续性和活力，也决定了受其影响高速发展的现代城市的生命力。

(2) 实用性与技术性

实用性和技术性是竹林风景线空间设计的基础和依托，主要体现在竹林风景线能够在多大程度上有益于方便和舒适地通行，其影响程度根据其使用时间、使用方式以及具体作用的环境和场所的不同而存在差异。

(3)审美性与创新性

竹林风景线的审美性表现在大尺度的“造型艺术”或“视觉艺术”上。风景线构成须遵循形式美的基本规律，如明确的主题、统一与变化、主从与重点、均衡与稳定、对比与微差、韵律与节奏、比例与尺度等，同时也应考虑当地居民和游客求新、求美、求变的审美需求，在符合审美前提下通过对旧的形式的改造或者增加新的介入物，激发城市(乡村)新行为。其空间形态的审美性与创新性可以表现为材料、结构、形式等求新求变物质审美的正向创新，也可以表现为消解、融合、共生等精神审美的逆向创新。

3. 基于不同行为的形态

(1)静态型行为

竹林风景线中的静态型行为是引起使用者特征情感变化的行为，运动强度较小，通常表现为坐或依靠。在风景线构建的空间环境中，静态型行为有放松和思考，如静坐、拍照、看书、冥想、用餐、瑜伽、观赏、呼吸清新空气等；有接触自然的一系列活动，如欣赏自然美景、观赏动植物、触摸竹叶竹竿、听鸟鸣和水声等；有社会交往，如聊天、聚会、讨论、棋牌、喝茶等；此外还包括打字、阅览等办公行为。这些静态型行为通常是在特定的环境或景观空间中的暂时或临时状态，通过静态性动词可以表达这类行为活动状态并指导林内静线规划。

(2)动态型行为

动态型行为是行为模式中运动强度较大，能引起情绪明显起伏变化的行为活动。在竹林风景线中主要包括设施活动、场地活动、自由活动、因生产生活需要的活动四类。设施活动是依托风景线中的娱乐设施、健身设施或常见的基础休闲设施展开动态性活动，如唱歌、跳舞、交往等；场地活动是基于竹林植物材料的层次变化营造出的球类空间、广场舞空间等；自由活动是使用者根据自身需要在风景线中产生的自发行为，比如在空地景观节点中嬉戏玩耍、放风筝等；因生产生活需要的活动包括种植竹类植物、生产笋竹食品、制作竹制品、管理竹材生产等。根据动态型行为划分出合理的景观空间或引导性场地指导规划是风景线基于行为活动营造的重要组成部分。

(3)通过型行为

通过型行为是将风景线作为廊道、步道、车道等起通行作用的行为活动，主要活动行为有步行、跑步、车(机动车或非机动车)行三类，其中步行包括散步、遛狗、赏景等。虽然通过型行为在风景线中的停留时间较短，但其规划设计在审美、使用功能以及安全性方面有一定要求，特别是行车过程中的安全视距保障。

4. 基于生产生活的形态

(1)竹笋食品产业。按照适度集中、分区定阶的原则，鼓励笋竹产业重点大区、省(自治区、直辖市)、市(州、盟)、县(区、市)以笋竹食品为特色，因地制宜规划建设不同规模的包含竹林基地、生产、研发、机械、金融、物流、仓储、市场(线下、线上)等功能的现代笋竹食品产业集群。

(2) 竹纤维产业。作为一种绿色的资源性纤维，竹纤维目前主要应用于造纸行业和纺织工业领域。随着人们环保意识越来越强，竹纤维这类天然材料备受青睐，竹纤维产业发展潜力巨大。应持续改进竹纤维加工技术，不断扩大竹纤维下游产品应用领域，促进产学研深度融合，加强生产标准建设及市场规范，实现“以竹代棉、以竹代木”。

(3) 竹建材产业。按照适度集中、共享利用的原则，鼓励竹产业重点县、市以竹质工程材料为特色，因地制宜地规划建设包含生产、研发、设计、机械、金融、物流、仓储、电商等功能的现代竹建材产业集群。

(4) 竹炭及其副产物产业。依照整体性、协调统一、因地制宜、经济适用、可持续发展等建设原则，鼓励竹产业重点地区构建完整的竹产业生产链、价值链、供应链、销售链，逐步形成加工、市场、科研、创新一条龙的全产业链和产业集群，持续完善全竹综合绿色循环利用的现代竹炭产业体系。

(5) 竹制日用品、竹工艺品产业。在全球强化环保观念的推动下，竹材以其环保、耐用、轻巧的特性已成为全球流行的消费趋势。随着人们对竹子性能的进一步认识，竹产品的应用领域将会不断扩展，竹材产品的创新空间巨大。日用竹制品需不断推陈出新，真正实现以竹代木、以竹代塑，开发更多的符合消费者需要的新产品。加强对竹编、竹雕等竹工艺品产地的扶持，发挥非遗文化优势，展现精湛竹工艺水平。

(6) 竹文化、竹文创产业。以竹文化、竹历史为切入点，以地域文化为特色，鼓励发展竹文化公园、竹类森林公园、竹文创产业园、竹艺街区等。加大竹文化的挖掘和利用，以竹为承托，宣传中国文学、绘画艺术、工艺美术、园林艺术、音乐文化、宗教文化、民俗文化，建立体现和谐文化思想、富有中国文化特色的竹文化体系，进一步强化竹文化对竹产业的带动、渗透、融合作用，实现传统竹产业的转型升级。

2.3.2　定量研究

1. 特征要素

(1) 非物质要素

非物质要素定义为场地原有的时间、空间、光影特征，以及以精神需要为目的、以高层次的非物质形态存在的景观形态，主要表现为宗教、民俗、制度、艺术等形式。与物质要素相对，借助物质载体得以表现，借助物质要素发挥作用。

(2) 物质要素

一是道路。包括车行道和人行道(主要指景观游步道)。对于车行道而言，景观绿化设计应以“安全、实用、美观”为宗旨，建成绿化、美化、净化三位一体的车行廊道。建设中主要遵循交通安全性、景观协调性、生态适用性、经济实用性四原则。强调公路与环境间的协调性、养护经济性、司乘人员以及沿线居民过境的舒适感和安全感，突出植物景观、构筑物的美学价值和文化价值。在完成车行功能的前提下，按照一定的尺度、比例、线形、形态、色彩、质地、韵律、节奏等基本法则，梳理周围地物、地貌、人文等景观元素，构建良好的视觉形象和生态环境，带给观者良好的美感反响。对于景观游步道而言，使用者可能会进行跑步、骑车、散步、竞走、滑轮、赏景等游憩娱乐、康体锻炼活动。作为一个综合性较强的场所，来往的人群年龄层次、社会地位和性别不同，对应的步行空间需满足不同人群的需求，应根据自身环境状况的不同合理设置适合地形和人文的步行空间。在平面流线设计中，形状应顺势蜿蜒，结合两旁绿化灵活设计，搭配特色景观，保证流线连续的同时，引导流线多样化。

二是公共服务设施。包含康体设施、休息设施、景观雕塑小品、无障碍设施、照明设施、标识系统以及基础设施。康体设施包含运动康体设施、恢复性康体设施以及康养步道等。休息设施应考虑游径路线与路程、游人特点合理布局，考虑使用者的休息、交流、安全等多样需求，配备相关基础设施。景观雕塑小品的布置应体现地域特色，强调科普美育，彰显人文内涵。无障碍设施应考虑坡道、铺装、基础设施配置设计，以安全为先。照明设施要保证连续性和安全性，合理配置。标识系统应强调可识别性，针对不同建设对象设置相应标识标牌、导视导览、警示关怀以及宣传解说等，引入智能导视系统，进行动态导航、生产监测、数据储存，实现数字化、信息化管理。基础设施包含灌溉、森林保护、环境保护、服务设施等，建设布置应注重安全性、便捷性、实用性，构建生产稳定、作业安全、游线通畅的竹林风景线。

三是建筑。竹林人家、竹林小镇中的建筑承担了接待、餐饮、集会、住宿、休闲、公共卫生等基本服务功能。建筑营建应注重景观性、文化性、自然性和设计性，构建标志性群落，有效融入文化符号与地域风貌，打造文化艺术风景名片，展现特色竹林人家、竹林小镇风采。除此之外，改造提升竹林盘风貌，打造集竹产品加工、竹旅游体验、竹文化展示、竹科普教育于一体的竹林小镇。推进竹林人家与竹林盘、竹工艺、竹餐饮、竹民宿、竹康养等结合，形成一家一品。

四是植物。针对竹子来说，强调因地制宜、适地适竹原则，可采用丛竹式、点缀式、配景式、障景式、隐蔽式、地被式、绿篱式、竹径式、攀援式、盆栽式等多种竹类植物造景栽植方式(图 2-13)。

图 2-13　竹类植物造景手法分类

另外，竹子秆高叶翠，四季常青，秀丽挺拔，经风霜雨雪不凋，雅俗共赏。品种包括绿色竹工业(造纸及建材)用竹，如川牡竹、佯黄竹、毛竹；工艺竹编制品用竹，如料慈竹、粉单竹、龟背竹、筇竹、绵竹；竹食品精深加用竹，如麻竹(产业链)、方竹属、筇竹属、白夹竹、斑苦竹(功能性)；观赏性用竹，如秆色类竹类植物(秆绿色类、秆单色类和秆组合色类)、秆型类竹类植物(秆节形态变化类和秆节间形态变化类)、叶色类竹类植物(叶绿色类和叶组合色类)、叶型类竹类植物(叶小型类和叶大型类)(表 2-1)。

表 2-1　观赏性竹类植物单体

秆色类竹类植物	秆绿色类	毛竹　青皮竹　茶秆竹
	秆单色类	紫竹　金竹　琴丝竹
	秆组合色类	青丝黄竹　斑竹　粉单竹
秆型类竹类植物	秆节形态变化类	筇竹　大节竹　簕竹
	秆节间形态变化类	龟甲竹　佛肚竹　方竹
叶色类竹类植物	叶绿色类	水竹　苦竹　箭竹

续表

	叶组合色类	
叶型类 竹类植物	叶小型类	翠竹 凤尾竹 倭竹
	叶大型类	阔叶箬竹 麻竹 巨竹

2. 基本尺度

(1) 长度

在竹林风景线建设中，对翠竹长廊(竹林大道)的长度规划有明确要求。以省级翠竹长廊(竹林大道)为例，要求在可视范围内以竹为主、连绵不断的景观林长度不低于 10km。

针对车行道建设，需依照建设地的规模、实际使用需求确定道路景观标准段长度。针对人行道建设，风景线内景域的步道规划线路长度取决于该区域环境容纳量，景域面积决定步道的长度。同时，考虑到游人的行径体验，步道长度一般分为短距离、中距离和长距离三大类(图 2-14)。短距离一般小于 2km，适合初次体验者或者体弱者，可提供大约 30 分钟的散步体验；中距离一般在 2～10km，适合一般人员，可提供约 1 小时、有一定高差变化的散步体验；长距离一般大于 10km，适合身体健康、经验丰富人群，可提供约 2 小时、有高差变化、运动量较大的散步体验。步道功能类型多样，包括挥汗步道、健身步道、亲子步道、观赏步道、游憩步道、登山步道等，应针对各类人群，满足不同需求，设计不同长度的线路。

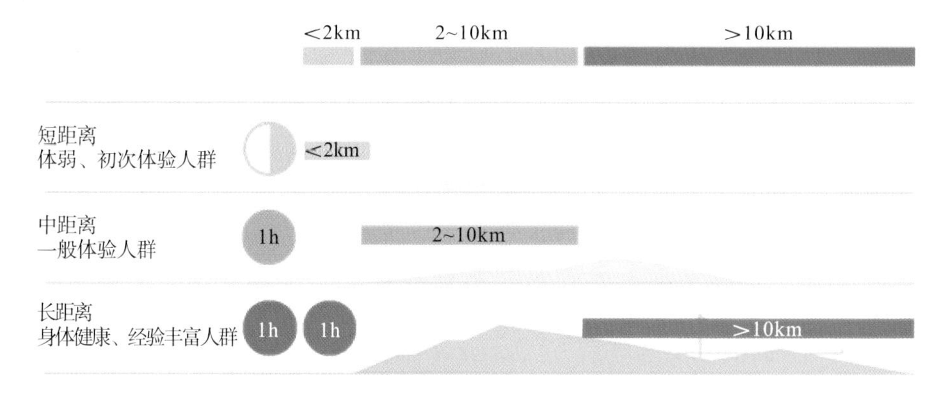

图 2-14 步道长度与步行对象、步行时长的关系

(2) 宽度

在竹林风景线建设中，对翠竹长廊(竹林大道)的宽度规划有明确要求。以省级翠竹长廊(竹林大道)为例，要求两侧以竹为主的景观林宽度不低于 3m。

针对车行道建设，参考《城市综合交通体系规划标准》(GB/T 51328—2018)，城市道路绿化的布置和绿化植物的选择应符合城市道路的功能。当城市道路红线宽度＞45m 时，绿化覆盖率为 20%；当城市道路红线宽度为 30~45m 时，绿化覆盖率为 15%；当城市道路红线宽度为 15~30m 时，绿化覆盖率为 10%；当城市道路红线宽度＜15m 时，酌情设置绿化覆盖面积。针对人行道，以常见的慢行交通的路径串联起来的公共区域和竹景观环境为例。不同类型游径宽度应根据竹林风景线规划类型、步道使用频率，因地制宜、灵活控制(图 2-15)。步行道的宽度设置应根据流量、人群类型、活动规律等综合考虑确定其最小宽度。平地型步道一般设置在地势平坦、坡度平缓的区域，步道长度由场地和其功能所决定，主要道路宽度一般为 3～5m，坡度起伏较为平缓。林间型步道是密林区或者疏林草地处的林间小路，宽度一般在 1.5～3m，坡度平缓，距离较短。台阶型步道主要受地形影响，设置在陡坡、悬崖或者峭壁处，一般位于深山密林区，坡度一般在 20%～50%，踏步高度 10～15cm，踏步面宽度 30～50cm，步道宽度一般为 1～3m。栈桥型步道一般设置在溪流山涧附近，密林处常设置架空式木栈道。宽度一般在 1～3m，坡度适中。

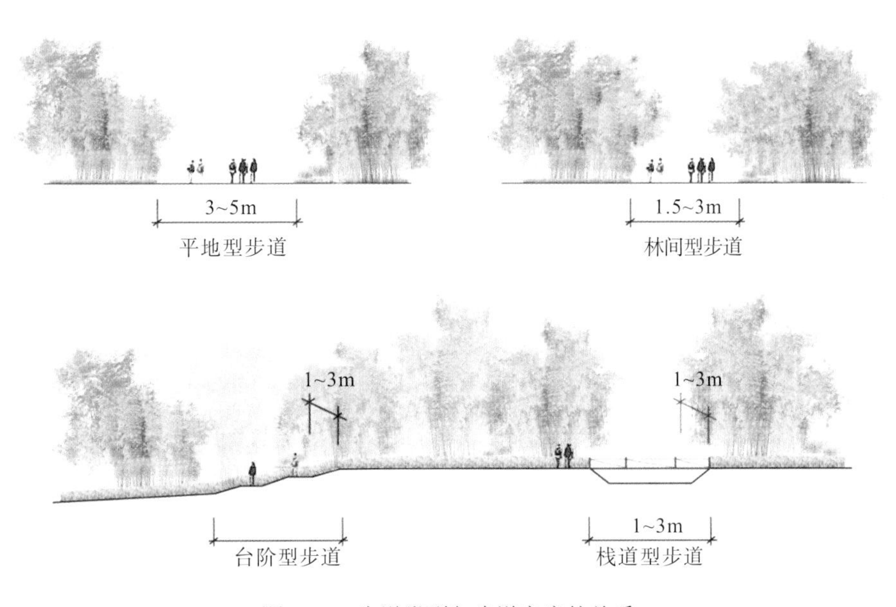

图 2-15　步道类型与步道宽度的关系

(3) 面积

四川省竹林风景线的面域也包含多种类型(图 2-16)，如省级现代竹产业基地，要求山区县集中连片竹林面积达到 2 万亩以上，平原丘陵县达 1 万亩以上；省级竹林康养基地要求以登记注册者为单位，经营管理面积以 750 亩以上为佳；省级竹林人家要求以竹林接待经营户为单位，经营管理面积在 6000m^2 以上，以竹为主的绿化率在 50%以上为佳；省级竹林小镇要求以竹林为主的森林覆盖率不低于 50%为佳。至 2020 年底，全省竹林面积(不含天然大熊猫食用竹）达到1815万亩，其中现代竹产业基地953万亩，分别较2015年增长6%和39.3%，现代竹产业基地占比由2015年的39.9%提高到52.5%。全省新造竹林20万亩，改造竹林30余万亩。全年加工竹笋50万吨、竹浆及纸制品240万吨，实现竹业综合产值721亿元。全省共认定省级翠竹长廊（竹林大道）24条、480km，认定省级竹林小镇10个、竹林人家33户；建成竹林公园12个、竹林湿地2个、竹林风景区28个、竹林康养基地16个、城镇竹园林15个、竹文化场馆5个、以竹为特色的省级乡村旅游重点村4个。

图2-16　竹林风景线面域类型

3. 空间组合

竹林风景线的空间组合看似非常复杂且没有规律，但可以利用“分形理论”进行一定的量化。分形理论主要用于研究破碎的、不规则的、分散事物中内在的规律与秩序[3]。由此可见，分形结构是一个由局部通过复制与迭代直至产生一个整体的“自下而上”的自组织过程。分形思想展示了认识局部与整体组织原则的新思路，目前，国际上对分形的定义还未达成一致，但所有的分形集都有两个特点：一是具有连续的层级，二是不同层级之间的元素具有相似性。以分形的视角认识竹林风景线就可以认识到该空间部分与整体之间形态的连续性及部分与部分之间通过什么组织原则形成一个连贯而复杂的整体。因此，按照分形理论可以将竹林风景线划分为以下不同维度的图底。

（1）二维图底

竹林风景线串联着或其本身就兼容了部分生态空间、城市（乡村）功能空间、城市（乡村）核心空间以及基础设施空间（图2-17），与人们的各种生活环境和活动空间有着良好的“共生关系”，能够帮助人们强化对竹林风景线以及该城市（乡村）空间的认知，增强城市（乡村）“竹”感，同时可以织补城市（乡村）肌理在视觉上的分裂。

竹林风景线对城市(乡村)肌理的局部调整应体现在植物、材质、空间、道路、地块等城市(乡村)的每一尺度层级，实现竹林风景线从微观尺度到宏观尺度的逐级支持。

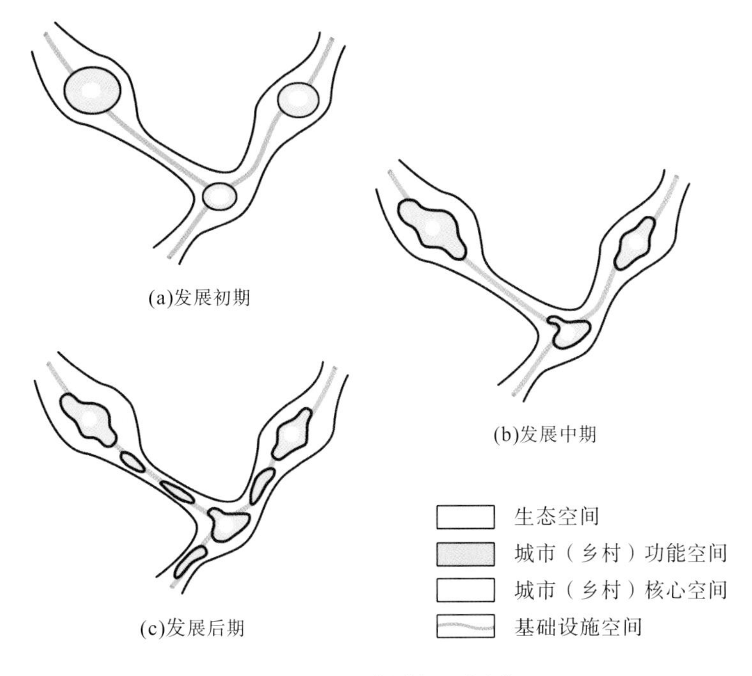

图 2-17　二维图底示意图[1]

(2)三维立体

①空间场所。

一是积极空间与消极空间。积极空间具有内聚性、收敛性、向心性；消极空间具有扩张性、离散性、离心性。对于竹林风景线来说，以其作为参照中心，可以看出其对周围空间特征的调整和改变(图 2-18)。

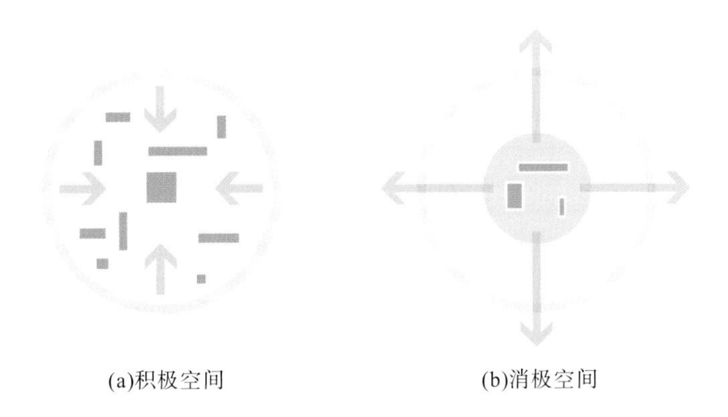

图 2-18　积极与消极空间

1 资料来源：杨斌. 基于绿道“基因”移植的城乡空间有机脉络重构模型研究[D]. 重庆：重庆大学，2013.

二是“硬质”空间和“柔质”空间。“硬质”空间是由人工界面围合营造的空间。“柔质”空间是由自然环境主导的场所。竹林风景线是硬质空间和柔质空间的组合，应合理规划硬质空间和柔质空间的比例(图 2-19)。

图 2-19　硬质空间与柔质空间

三是动态空间和静态空间。动态空间强调导向性、连续性和节奏性；静态空间强调限定性、稳定性和明确性(图 2-20)。

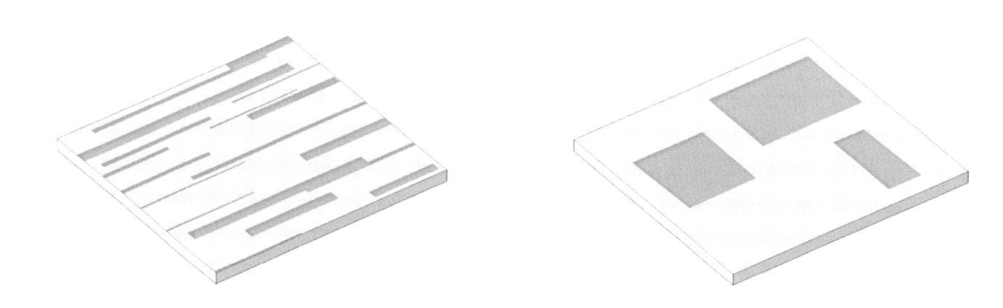

图 2-20　动态空间与静态空间

②空间轴。

一是自然轴。它可以与城市绿道结合起来，成为从城市外围楔入的线形景观廊道，对缓解城市热岛效应、形成城市风道、改善生态环境以及提高景观质量有显著作用。二是人工轴。作为步行、骑行廊道，其本身也可以作为人工景观，通过其独特的视觉美学效果，改善整体景观品质。三是视觉轴。它作为观赏的视觉通道，是城市意象的突出地带，通过合理定位和设计可以提升空间质量(图 2-21)。

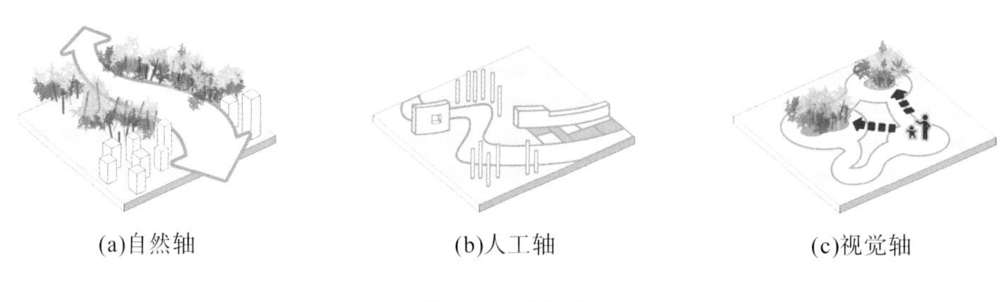

(a)自然轴　(b)人工轴　(c)视觉轴

图 2-21　空间轴

③空间核心。

竹林风景线的空间核心从空间序列安排的角度看可以是空间节点、标志物等；从人的活动特性上讲，也可以理解为视觉焦点、视觉俯视点、视线交织点等(图 2-22)。

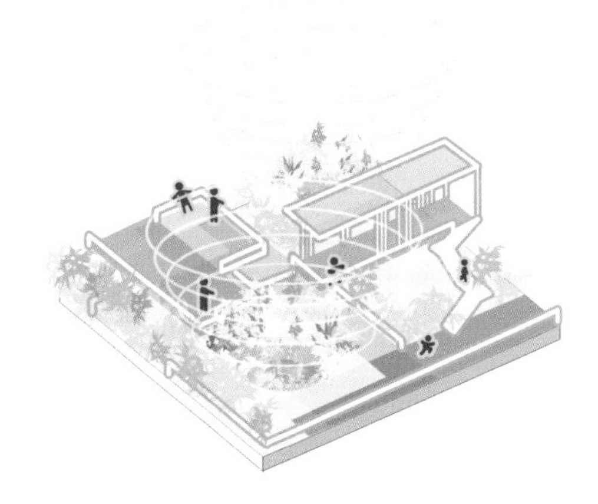

图 2-22　空间核心

(3) 四维时间

竹林风景线作为城乡的一种连接体，能够在不同时间因不同需求而改变其作用、环境和视觉场所[2]。

时间过程下，使用者对竹林风景线的空间感受可以分为历时感受和瞬间感受两种。刘滨谊和张亭[4]的研究发现：假定环境不变，人们对环境的感受时间越长，历时感受量越大；假定感受时间不变，环境变化越大，瞬时感受量越大。由此可以得出，环境变化量和使用者的游览时间是影响人们空间感受的主要因素。因此在竹林风景线建设中，应该尽可能增加空间变化，延长使用者活动的时间。

(4) 五维速度

在竹林风景线的动态环境中，人们的视觉反应快慢决定了信息量的获取程度，视觉反应快则对外界的信息捕获量大，视觉反应慢则获取的信息量较少。要使快速运动的人看清景物，就要增加感知时间，可以将速度放慢，如果保持速度不变就要改变景物。一方面是将景物的形象拉大，增加对物象的识别性；另一方面是将景物重复设置，通过时间上的重复出现加深人对景物的印象[5]。因此，竹林风景线尤其是翠竹长廊(竹林大道)景物设计的原则一般是速度越快越强调整体竹林景观的形体轮廓，速度越慢越强调植物造型、设施材质等设计细节。

第3章 竹林风景线构建研究

3.1 竹林风景线构建理论基础

3.1.1 生态理论

1. 生态美学理论

竹林风景线的构建是对人、自然环境和文化环境整体生态的全面思考和阐释。其符合生态美学整体性思维方式，既从生态学的角度思考美学，也从美学的角度思考生态环境建设；是以“和谐”为美来处理人与环境的关系，倡导“竹林乡土化”和“文化生态化”等人居环境构建思想。其坚持以生态美学理论为指导，寻求人与自然和谐共处的新型人居环境模式，保护地域文化的可持续发展，重视生态环境的多种效益，体现对人类生存环境的真正关怀，形成自然生态与文化生态相平衡的、优美的竹林风景线，以实现生态价值与审美价值的有机统一。

2. 景观生态理论

20 世纪 80 年代，美国景观生态学教授福曼（Forman）和戈德龙（Godron）提出“斑块-廊道-基质”的景观空间模型[6]。其中，廊道指景观中与相邻两边环境不同的线性或带状结构。竹林风景线（尤其是翠竹长廊）对应了模型中的“廊道”要素，作为景观连接度的一种表现形式，其在生物群体之间的个体交换、迁徙和生存中起着重要作用。竹林风景线丰富了廊道类型的内涵，使得其结构和功能方法更趋多样化。其重要结构特征包括宽度、组成内容、内部环境、形状、连续性以及与周围斑块或基质的作用关系。

同时，“斑块-廊道-基质”理论为竹林风景线的系统规划和研究提供了复合化的结构参考模式，对各种形态要素的功能特征、规模和物质载体等方面提出多方面定位，包含竹林人家、翠竹长廊、竹林小镇、竹林景区等。“斑块-廊道-基质”理论为竹林系统结构的复杂化和多元化奠定了基础，有利于实现竹林空间的物种运动和物质流动，影响生态过程，最终形成绿色可持续的景观生态空间。

3. 群落生态理论

群落生态学是研究群落与环境相互关系的科学，是生态学的一个重要分支学科。构建“点、线、面”竹林风景线模式需借鉴群落生态理论相关原理。以群落生态演替观点进行竹林景观“面”建设，依照生态恢复参照系指导竹林群落构建，实现最优竹林生态系统演进；以群落学的观点进行竹林景观节“点”建设，依据群落学和生物多样性原理，建立以竹为主、乔灌草藤为辅的景观节点群落；以生态美学与生物多样性原理进行竹林景观“线”建设，利用群落时间格局构建四季异景的竹林景观带，利用群落空间格局构建垂直生物多样性的竹林景观带。串联生态稳定的组合竹林单元成线，以构建功能强大的生态廊道，最终形成具备完整生态体系的竹林风景线格局。

4. 生态格局构建

对生态空间内涵的认识是科学划定生态空间的基础。竹林风景线内各种生态要素或功能体的空间组合形式决定和制约着其过程和功能的变化，其过程和功能也会反作用于空间格局。生态格局是指生态域内不同生态功能体的空间格局及相互关系；生态过程是指生态域内不同生态功能体的物质循环、能量流动的路径和过程；生态功能则指生态域基于其生态结构，在各种生态过程中提供服务和产品的能力[7]。

通过全面认识竹林风景线内的生态域、生态过程及生态功能，识别竹林生物多样性丰富区域、重要生态服务区域、生态脆弱区域以及生态域内对维护生态过程和生态功能具有重要作用的竹林组团，分析其空间位置和相互关系，以指导构建功能完整、结构连续的竹林空间。发挥竹林的生态调节、产品提供与人居保障功能，从重要生态功能维护、人居环境屏障和生物多样性维护等角度综合构建自然生态、格局稳定、过程流畅、功能匹配的竹林风景线，实现生态格局、过程、功能三位一体。

3.1.2　规划理论

1. 系统理论

系统通常被定义为由若干要素以一定结构形式联结构成的具有某种功能的有机整体。系统分析法是通过分析系统各要素间循环和转化的运动规律，合理管理和控制物质及能量的流动，保证系统的正常运转。系统理论具有整体性、联系性、层次结构性、动态平衡性、时序性等，这是所有系统共同的基本特征。

将竹林风景线作为一个系统来研究，系统理论为该研究提供了认识论基础，即认识到竹林风景线体系是一个系统，遵循系统的原理。同时系统理论为该研究提供了方法论基础，即用系统的观点来看待竹林风景线建设，用系统的方法来研究竹林风景线的特点和规律，并且通过科学的规划去控制、管理和改造竹林风景线体系，以调整其结构和各要素关系，使其达到最优化。

具体而言，系统理论对竹林风景线规划的指导作用有以下几点。一是关注对竹林风景线各要素的系统规划。在把握整体性的前提下，统筹好部分对整体的不可或缺性以及整体对构成部分的制约性，处理好整体与部分、部分与部分、系统与环境的统一性和有机性问题。系统中诸要素是相互联系、相互制约的，对其进行可持续性旅游规划时应注意整体考虑，系统规划，以使竹林风景线建设朝着预定的方向发展。明确各个规划层面的特性和重要性，划分权重，组合施策，以实现整体效益最大化。二是对规划编制过程及程序的指导作用。竹林风景线规划是一个分析和决策的过程，系统理论的引入有助于其编制过程与程序的系统化，始终坚持以规划系统价值为导向，在部分、整体、环境辩证统一中开展实践。三是强调竹林风景线规划制订与实施的反馈作用。系统理论的引入要求竹林风景线规划遵守系统反馈原理。随系统环境变化，不断调整规划策略，把握各规划要素发展规律，促进规划系统在环境、整体与部分的矛盾运动中向好发展、向前发展。

2. 点轴开发理论

增长极概念最早是由法国经济学家弗朗索瓦•佩鲁(Francois Perroux)提出的。当时此概念建立在抽象经济空间之上。该学者认为现实世界中经济要素的作用完全是在非均衡条件下发展的，其发展中存在着极化作用，即经济空间中会存在一些中心或极，这些中心或极的作用就类似于磁铁的磁极[8]，它不但对外部因素起吸引作用，而且相互之间会有吸引和排斥的作用并产生向心力和离心力，这些向心力与离心力相互形成一定范围的“场”，“场”的中心被佩鲁定义为增长极。其极化强度不同，扩散渠道不同，影响方式不同，最终导致经济空间不平衡。

在佩鲁研究的基础上，大量学者在自身领域对增长极的概念进行了深入和具体的研究。其中，法国地理学家布德维尔(Boudeville)将抽象经济空间的增长极转化为地理空间上的增长极，提出区域增长极的科学概念。即在区域经济发展过程中，发展的不平衡导致资金、物资、能源、信息、人才等资源逐渐集聚到少数条件优越的区域，这些区域成为经济增长的中心，这个中心就是区域的增长极。之后，陆大道先生综合了克里斯泰勒(Christaller)的中心地理论、增长极理论和德国的开发轴理论，提出点轴开发理论，他提出把增长极理论应用到具体区域开发过程中，运用网络分析方法，把国民经济看成由点和轴所组成的空间理论形式。点即增长极、轴即区域内的交通干线[9]。

宏观尺度上的竹林风景线模式构建顺应了点轴开发理论，即随着经济发展，连接各中心地的重要交通干线贯通成网，在该区域内及周边地区会逐渐聚集资源，形成有利的区位条件。有利的区位条件促使人口流动愈发便捷，运输费用降低，生产成本随之降低。风景线构建对产业和劳动力产生新的吸引力，形成有利的投资环境，使产业和人口在该区域内集中进而形成新的增长极。即承担区域开发纽带、经济运行通道功能的生长轴，对地区开发具有促进作用。

综上，点轴开发理论重点论述了增长极与发展轴对区域经济扩展的影响，实现经济的空间移动和扩散。该理论适用于竹林风景线的建设，其基本思路如下：在一定范围内，选择若干环境资源较好、具有开发潜力并且有重要交通干线经过的地带，依托现有基础条件作为发展轴予以重点开发，在各发展轴上确定中心增长极，并确定其发展方向和功能。此外，根据各地区发展需求和资源禀赋，对应建立增长极和发展轴的等级体系，由高到低开发各等级增长极和发展轴，实现优质竹林资源的不断集中、全面利用。

3. 环境心理学理论

竹林风景线的建构在景观生态规划的基础上还需响应使用者心理层面的价值偏好。作为竹林风景线的使用主体，人的心理行为是景观设计的依据和根本。环境心理学研究人的心理、行为与其所处环境之间的关系，包括发展环境设计人性化，改善人与自然环境的关系，为竹林风景线规划设计提供了有益参考[10]。

首先，人与环境是一种能动性的交替关系，人塑造环境的同时也被环境所塑造，人改变环境，环境则影响人的行为。环境中的颜色、声音、建筑物形态、道路尺度、植被大小等要素对人的心理产生影响。既有独坐幽篁里的悠然，又有竹林夹道的静谧；既有竹花相映的绚烂，又有竹水相依的宁静。在竹林风景线构建过程中，可通过控制环境来影响人的心理和行为活动。其次，从使用者的心理和精神需求出发进行规划设计。构建竹林风景线需充分了解使用者的行为需求、行为场所、行为方式、行为路线、行为迹象、行为类型，根据活动类型、活动目的、活动组群差异，调整对应的环境景观布局及设施安排。在实践中提供旅游休闲型、现代农业型、商贸物流型、加工制造型、文化创意型、科技教育型等多类型竹林风景线，以满足使用者不同维度的生理体验、心理体验、社交体验、知识体验以及自我实现体验需求。

4. 可持续性发展理论

可持续发展指既满足当代人的需求，又不会对后代人满足其自身需求的能力产生威胁的发展。1987年世界环境与发展委员会在《我们共同的未来》报告中首次提出该理论[11]。

构建可持续发展的竹林风景线，首先是自然属性的可持续，即从生态学领域出发，关注生态持续性(ecological sustainability)，即保持竹林风景域内自然资源再生能力和开发利用程度之间的平衡。其次是社会属性的可持续，从当地居民出发，将生活、生产方式与竹林环境的承载力相协调，最终落脚于促进居民生活质量和生活环境的改善。最后是经济属性的可持续，经济学家将经济发展作为其核心内容，从经济领域的资源支撑上理解可持续发展，在不降低竹林环境质量和不破坏自然资源的基础上推动经济发展。

环境与需求满足相互依存，人在追求自身需求满足时，不能以牺牲环境为代价，即人对自然环境干预程度的把握。可持续发展理论对竹林风景线规划的指导意义如下：在资源可持续利用方面，在竹林风景线规划开发中处理好保护与利用的关系，考虑环境承载力，实现竹林风景资源的永续利用；在社会可持续发展方面，控制环境容量，关注人类活动对环境可能造成的影响，调整生活生产结构，营造宜居环境；在经济可持续发展方面，生态为先，适度开发，根据不同环境资源、文化背景选择对应产业类型。

3.1.3　空间理论

1. 空间尺度感

竹林风景线属于户外空间研究范畴，以下基于经验累积、实证研究的经典空间理论对竹林风景线的空间研究构建有较大的借鉴意义。袁剑锋认为，尺度所研究的是环境整体或局部与人或人熟悉的物体之间的比例关系，以及这种关系给人的感受。人的视知觉受到环境空间尺度变化的影响，并以此激发人的情感[12]。布莱恩•劳森(Bryan Lawson)在《空间的语言》中提出，空间尺度感是一种人类的共识，来源于人性与社会性[13]。丹麦学者扬•

盖尔(Jan Gehl)在《交往与空间》中提出了涵盖大部分公共空间的四种规划策略，分别是集中或分散、综合或分解、吸引或排斥、开放或封闭(图 3-1)。

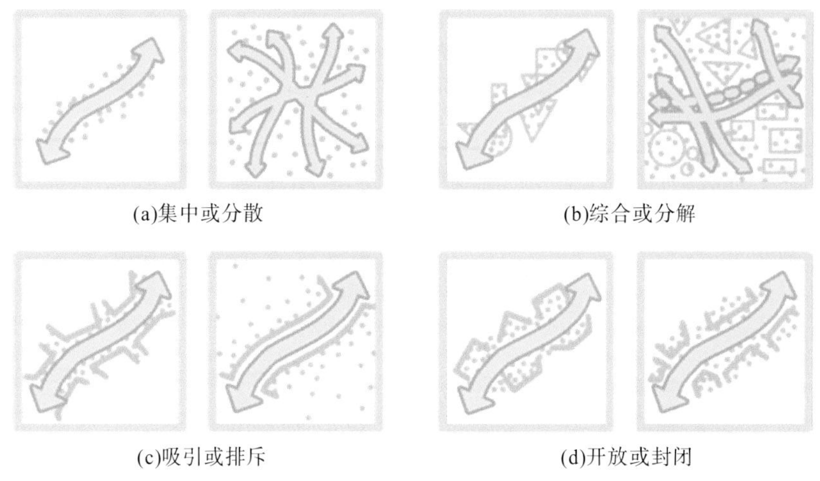
(a)集中或分散　(b)综合或分解
(c)吸引或排斥　(d)开放或封闭
图 3-1　公共空间的规划策略

空间尺度作为一种综合属性，是景观吸引力的来源因素之一。其作为一种物质尺度，可通过面积、体量、距离、远近等带给使用者不同的尺度感知，为其情绪体验带来多层次的影响，并影响到使用者的体验质量和体验评价，最终影响其景观满意度评价。在宏观、中观、微观不同等级尺度的竹林空间规划中，为避免单一化的空间形态让使用者产生审美疲劳，激发主体兴趣，需对竹林风景域内的空间大小、形态、开合、类型等进行设计布局，根据使用者的行为心理，充分利用自然条件、道路、水域、植物边界，营造私密及半私密、公共及半公共空间，顺应人体感知，实现自然过渡。

空间尺度理论为竹林空间的营造提供了参考，尺度是构建景观空间的基本要素，也衡量着空间质量和空间体验标准。空间尺度是一系列感觉的阈值，人根据视觉、听觉、触觉等生理知觉，对空间实体或空间本身尺寸进行衡量，表达人与物、物与物、物与空间、空间与空间相互之间一种相对量的关系。竹林空间尺度中的实体要素尺度、空间场所尺度、空间序列长度与空间转换频率对使用者的新奇感、愉悦感与满意度存在显著影响。竹林风景线空间尺度规划需要从宏观、中观、微观三个层面进行统一构建，将空间尺度理论研究从物质空间要素视觉审美层面延伸到空间功能、空间布局、空间体验以及人对空间的情感体验和满意度，以达到对竹林景区空间的最优利用。

2. 空间 *D*/*H* 理论

日本学者芦原义信在《外部空间设计》中阐述了关于户外空间的 *D*/*H* 理论(其中 *D* 为观察者与物体的垂直距离，*H* 为物体顶部离地面的垂直高度)[14]。该理论将人体的复杂知觉“距离”转换成实际的空间尺度比例。*D*/*H* 理论认为 *D*/*H*=1 是空间质的转折点，小于此有紧迫感，大于此有距离感。理论依据是视觉范围和三角函数，认为 *D*/*H*=1 时，存在均匀性；*D*/*H*=2 时，可以看到整个物体(包含部分天空)；*D*/*H*=3 时，可以看到物体全貌，即外部环境(图 3-2)。

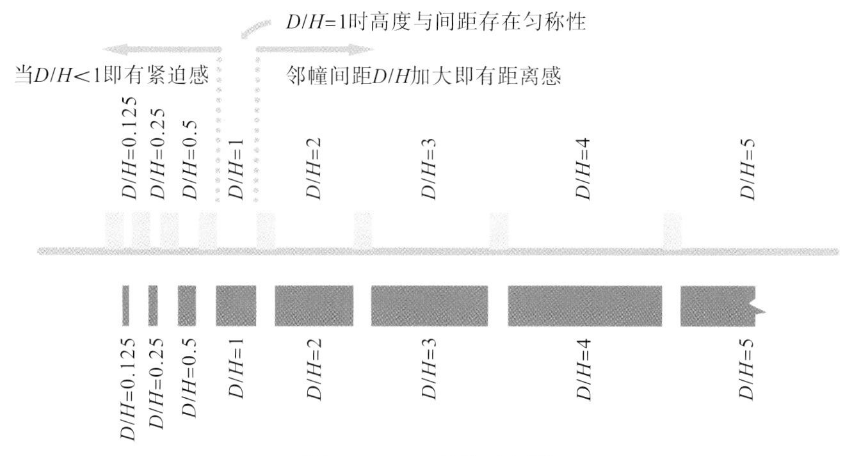

图 3-2　D/H 理论示意图

受生理特性的影响，个体对空间的感知受一定范围制约。在营造竹林空间内微观小尺度的空间节点时，个人的注意力与认知只能集中在一定范围内，即空间近人尺度。规划过程中应充分考虑人的视域范围，在保证体验者心理及活动舒适性的基础上，结合当地的地理气候、构筑体量、竹林资源、土地利用、社会行为等，以及私密度、主要视线走向、视线干扰因素、观景点位置和人的生理及心理特性需求等因素进行分析，确定适宜尺度指标数值。

3. 空间与距离

人类学家爱德华•霍尔(Edward Hall)在《无声的语言》中提出人与人之间有四种空间距离[15]，分别是“公众距离”(大于 360cm)、“社交距离”(120～360cm)、“个人距离”(45～120cm)、“亲密距离”(45cm 到零距离)(图 3-3)。

图 3-3　四种不同的空间距离

竹林空间作为户外活动空间自然承载着空间中发生的社交行为，其规划也应通过空间尺度的把握更好地触发人的社交行为。人作为感知的主体和客体，需要注重社交心理，人与人的交往距离感知与空间相互影响。例如，竹林风景线内既要有大尺度林下空间用于集会活动，也需要私人化、精致化的小尺度围合空间用于亲密社交或是个人休憩，空间尺度的多样化影响竹林活动选择的丰富性。此外，同样的空间中，不同的人数带来的尺度感不同，即空间容量也是影响尺度的因素之一，在规划设计时需依据竹林景观的规划定位做出相应调整。

同时，空间尺度的模数为竹林空间尺度设置提供了便利。微观层面有芦原义信提出的“空间距离假说”，即基于看清人脸的距离为 20～24m，从原始身体感知入手，以 20～25m 作为外部空间的设计尺度重复模数，通常可以带来较好的空间体验感(图 3-4)。宏观层面有扬·盖尔提出的“步行舒适距离”，即成人步行距离超过 500m 会感觉疲惫，老人和儿童更短，“有趣”的 500m 步行距离比“枯燥”的 500m 距离在心理上更短等。合宜的空间尺度有助于激发人与人、人与外界环境之间的交流，需从人体基本视觉生理特性角度对竹林景观空间尺度的合理控制进行探讨。

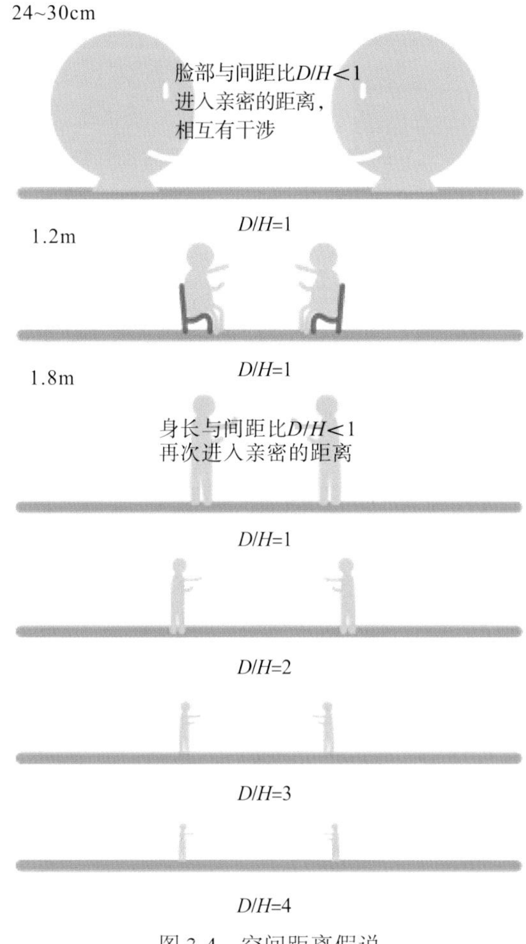

图 3-4 空间距离假说

4. 空间与文脉

妮古拉•加莫里(Nicola Garmory)在《城市开放空间设计》中强调空间与文脉的关系[16]。作者认为“空间不是独立存在的，空间的成功依赖于文脉、周围的建筑物或环境，以及人们使用它的方式。一方面，它的存在是一个自成一格的实体；另一方面，它要适应于周围环境，需要一种精神和理念，让使用者可以轻而易举地转化成自己的东西”。

文脉包含着地区历史文化和文化传统，由显性、隐性两种构成要素组成。显性要素由自然环境、建成环境等物质形态的要素构成；隐性要素由社会文化、行为模式等意识形态的要素构成。竹林风景线的构建基于显性要素，在空间的构成上偏向于把具有共同功能和特质的环境要素组成的整体定义为一个或一系列空间，更多地从环境要素的关联性上去定义空间的存在，借助隐性要素传播地域精神，由此，地域文脉得以延续壮大。

3.1.4 康养理论

1. 亲生命性假说

“亲生命性假说”由生物学家爱德华·威尔逊(Edward O.Wilson)提出，他将亲生命性定义为“关注生命及类似生命形式的倾向”[17]。该理论将“大自然”定义为“生命元素”，认为人类与植物、动物等生命体有着先天的偏好和亲密的情感连接[18]，这是人类生而有之的遗传素质，是生命体的根本属性。

亲生命性属于满足人类生存需要的有益性状，所以才会保留至今。而竹类植物具有独特的生物学特性和良好的生态效益，能够改善气候舒适度、降低空气颗粒物浓度、释放空气负离子等，人类可以通过接触它们来促进身体、情感和智能方面的舒适与健康。再者，竹林作为一种自然环境，包含声、光、味、质感等丰富的感官刺激，人类与其相伴千年，能够激发出人从属于自然系统和自然过程的本能。因此，人类对竹林具有较高程度的亲生命性。

2. 减压理论

美国得克萨斯农工大学卫生设施设计领域的罗杰·乌尔里希(Roger Ulrich)在1979年提出了减压理论，也可称为心理进化理论。他认为当个体处于压力中或应激状态时，接触某些自然环境可缓解由应激源造成的生理、心理及行为上的伤害。透过自然引发人们的正面情绪，继而带来减缓压力的功效[19]。

在此基础上，乌尔里希提出减压环境应满足以下条件：有适当的深度与复杂性；有一定的总体结构和特定聚焦点；包含足够的植物、水体等自然元素，并且没有危险物存在。只有这样的环境才有可能具备良好的复愈能力。显而易见，竹林具备这样的环境特征。

3. 注意力恢复理论

人们需要“集中注意力”来保持认知清晰。注意力下降会产生很多负面影响，譬如频繁出现失误、冲动行为及易激惹的状态。而在恢复性环境中，个体将有效恢复注意力，体验到身心深层的修复。这个理论是由美国密歇根大学的卡普兰(Kaplan)夫妇在1989年提出的。他们确定了恢复性环境的四个特征：距离感、吸引力、兼容性、丰富性[20]。竹林环境正具有这样的特征，首先竹子的植物特性使其能够树立起隔离屏障，拉远人与喧嚣的距离；其次竹林营造的不同景观效果能够有效抓住人们的注意力；最后竹林环境具有足够的空间让人们融入其中，竹林具有良好的生态本底，能够容纳其他植物、动物以及微生物，极具丰富性。

4. 园艺疗法

园艺疗法最早发现并应用是在 1409 年西班牙萨拉戈萨(Zaragoza)的精神病院，管理者让患者在瓜果园、菜园中劳作，并安排日常的集体活动，取得了良好的恢复缓解作用[21]。美国园艺疗法学会将园艺疗法定义为：“在其身体以及精神方面进行调整更新的一种有效的方法。”2000 年，李树华[22]将园艺疗法引入我国，并将其定义为通过植物、植物的生长环境以及与植物相关的各种活动，维持和恢复人们身体与精神的机能，提高生活质量的有效方法。

园艺疗法借由实际接触和运用园艺材料，接触自然环境从而缓解压力、复健心灵。在竹林环境中，让人们参与整理土地、种植和浇灌竹子及其他配置植物、养护和管理经营、采摘收获竹林生态食品等环节，通过色彩、香味、质感、水声等刺激感官，感受美好的自然环境，释放生活中的压力，舒缓情绪，建立信心，锻炼身体，在活动过程中享受参与的乐趣与成就感，最终达到辅助治疗身心的效果。

3.2 竹林风景线构成原则

3.2.1 功能复合

竹林风景线涵盖内容甚广，需要体现不同的功能。对于竹林风景线的基础设施如建筑集群、园林景观、道路交通(人行或车行)等的开发要健全完善，重视人的使用和体验，同时还要尽量融入本底地形和地域风貌中；对于竹林风景线的性质定位如生态、商态、文态、业态、形态等要注重多元共存与平衡，将其打造成为集生态流通地、商业聚集地、人文汇聚地、产业加工地以及民俗荟萃地为一体的综合性场地；对于自然资源如河流、绿地、林地、山川等空间类型的整合利用，重在保护和可持续发展，通过涵养水源、梳整绿地、集约用地，实现生态优先、绿色发展。

3.2.2 边界开放

线性空间具有“连缝”功能，是过渡、接触或者隔离两个有差别的界面之间的区域。竹林风景线作为一种“柔性”线性空间，基于一般功能还能够对两侧临接空间的渗透和消解起到积极作用。具体来说：一是增强边界空间的弹性，通过打破不同界面之间的界限，弱化或消解原有封闭边界，从而达到增强边界双向渗透的目的；二是营造边界的多样性，形成健康良好渐变群组以促进资源共享；三是提升边界的流动性，包括动物移动、物质流、能量流和信息流等，以水平方向拓宽或垂直方向叠加等方式改善绿色通道环境。

3.2.3 空间连续

竹林风景线的线性特征还应具有串联空间、统一基底的作用。具体来说：一是尺度连续，有利于将同样尺度关系的物体组合起来，形成空间秩序感；二是轮廓连续，竹林轮廓线对于整个空间的意象有非常重要的作用；三是材质连续，色彩、肌理、质感等以一定的方式反复出现，将有效地表现空间的连续感，保证同一空间内不同要素之间的统一性和一致性。

3.2.4 生态安全

竹林风景线作为城乡发展的生态骨架和刚性框架，能够整合现状及潜在的生态资源要素，使它们耦合形成综合生态安全格局[23]。注重保护和改善人类居住环境的重要性，叠加多种城乡生态系统，构建复合的“点、线、面、网”格局。同时，巧妙平衡社会、经济、自然三者关系，将具有惯性发展的传统城市化进程转为人工复合的生态系统[24, 25]。在人类生活、生活保障来源和人类适应环境变化的能力等方面不受威胁的状态下，使社会、自然和经济组成一个复合共生的城市生态安全系统[26]。

3.2.5 群落丰富

大面积的竹林具有重要的生态价值，对涵养水源、改善环境、防御自然灾害、保护生物多样性意义重大，是维系人类赖以生存的环境的关键所在。竹林规划以保护自然为主，重点加强对生态敏感区的保护，同时采用科学合理的工程手段，对受损环境进行生态修复。可见，竹林风景线的植物景观规划需突破传统的组景式布置模式，转向以生物多样性理论为指导，构建符合生态规律的植物群落、植被带等不同规模和层次的植物景观。

3.2.6 格局适宜

竹林风景线应以空间整合为导向，通过宏观调控手段达到空间格局的优化。其一，形成以资源环境承载力评价和国土空间开发适宜性评价为前提的自然生态空间格局，构建科学合理的竹林风景线规划体系，服务于国家宏观发展战略。其二，形成以生态功能为导向的自然生态空间格局，充分发挥竹林风景线的重要生态功能。其三，形成以保持生态相对完整性为目的的自然生态空间格局，因时因地、长远考虑风景线的相对连续性和完整性。其四，形成自然生态系统与社会经济系统耦合布局，确定自然生态空间、城镇空间、农业空间三者的协调性与适宜性。其五，从重要生态功能维护、人居环境屏障和生物多样性维护等角度综合构建自然生态空间格局。其六，形成基于生态保护红线构建的自然生态空间格局，发挥生态保护红线对于竹林风景线开发的底线作用。

第4章　竹林风景线建设实践

通过对四川全省竹林风景线的调研，本书归纳总结出三种基本构建模式，分别为“景观优先”“富民为主”“文化引领”。

4.1　各宜竹区竹林风景线建设

4.1.1　核心宜竹区竹林风景线发展概况

1. 相关政策

长江首城宜宾是全国十大竹资源富集区之一，现有竹种 39 属 485 种(其中原生竹种 13 属 58 种)，截至 2020 年底，全市竹林面积达 354 万亩，占全省竹林面积的 19.6%，约占全国竹林面积的 3.5%，占全市森林面积的 35.6%。2003 年，长宁竹海自然保护区被批准设立为中国第一个以竹类生态系统为主的国家级自然保护区；2005 年，蜀南竹海被《中国国家地理杂志》评为“中国最美十大森林”，是其中唯一的竹森林；2006 年，长宁县被国家林业局(现国家林业和草原局)评为“中国竹子之乡”，长宁县“世纪竹园”成为世界上最大的竹类种质资源基因库之一；有以地名命名的地理标志品种——屏山方竹(*Chimonobambusa pingshanensis* Yi et J.Y.Shi)；“兴文方竹笋”“长宁苦笋”被国家质量监督检验检疫总局(现国家知识产权局)评为国家地理标志保护产品。此外，宜宾竹加工产业也初具规模，形成了竹浆造纸、竹浆粕、竹纤维、竹笋加工、竹饮料、竹人造板、竹家具、竹工艺品等多门类的竹加工体系。

近年来，宜宾市委市政府深入贯彻落实新发展理念和党中央决策部署，高规格成立竹产业发展领导小组，接连高标准编制出台了《宜宾市竹产业发展工作意见》《宜宾市竹产业发展规划(2018—2025 年)》《宜宾市竹产业发展三年行动计划》《加快竹生态旅游发展的实施方案》《宜宾市竹精深加工产业发展专项规划(2018—2025)》《宜宾市竹产业发展分析报告》《宜宾市竹产业投资促进行动计划》《宜宾市支持竹产业高质量发展若干政策》等相关政策文件，并积极落实。力争实现近期目标，即 2021～2025 年，继续开展创新，加大投入力度，持续提升宜宾竹产业在国内外市场的竞争力，全面建成中华竹都、最美竹海。竹产业年产值达到 500 亿元以上，竹区农民年人均从竹产业获得收入 3000 元以上，达到全面建成竹产业经济强市的目标。

宜宾市作为核心宜竹区，紧紧依托现有竹资源，结合地方实际探索发展路径，切实加强竹生态资源保护和培育，大力推进竹产业发展，引领“竹”潮阔步迈向全国、迈向世界、迈向未来。

2. 宜宾市竹林风景线建设

(1)“五大行动”描绘生态优美风景线。2018 年以来，宜宾市委市政府深入实施竹生态建设“五大行动”，即美丽乡村植竹造林、美丽城镇竹林景观打造、竹林景观建设、低产改造丰产培育、长江绿廊建设。通过建点示范、连线成景、扩面增量、提质增效等强力举措，强势推进“五大行动”，描绘生态优美风景线(图 4-1)。

图 4-1　宜宾竹林风景线“五大行动”建设

2018～2020 年，宜宾全市新增竹林 47.52 万亩，更新改造竹林 10.59 万亩，丰产培育竹林 67.68 万亩，新增城市景观竹林 1 万亩，建成新型高产培育示范基地 20 个，总面积近 2 万亩。建成连接 6 个示范基地、5 个产业园区、7 个特色镇、35 个特色村的翠竹长廊 290 余公里，完成江河沿岸造竹 20 万亩，在长江及其支流两岸建成独具特色的水岸翠竹绿廊 110 余公里。

(2) 竹产业发展铸就富民强市风景线。将竹产业作为宜宾实施乡村振兴战略，促进县域经济发展，打造富民产业、兴业产业、绿色产业，成为全市上下的共识。宜宾市接连高标准制定各项意见与规划，明确竹产业发展的总体要求、目标任务和政策措施。从竹林基地建设、竹特色镇村建设、竹精深加工、竹产业园区建设、竹工艺发展和竹文化营造、竹产品市场营销体系建设、人才队伍建设和技术创新创造七个方面予以支持。

按照规划，宜宾市统筹推进五大现代竹产业园建设，分别是翠屏区重点发展高档竹家具、南溪区重点发展竹浆纸、江安县重点发展竹纤维、长宁县重点发展竹食品、兴文县重点发展竹工艺。

(3)开放合作彰显中华竹都风景线。2018 年 5 月，国际竹藤组织与宜宾市人民政府签订全面战略合作协议，共同促进竹产业发展，服务全球竹资源开发利用，搭建竹产业交流合作的平台。宜宾市委市政府以强烈的开放合作意识主动担当，以竹为媒、以竹会友、以竹聚才，共同推动全球竹产业的可持续发展。

2019 年 6 月，首届中国(宜宾)国际竹产业发展峰会暨竹产品交易会在宜宾召开。大会以“绿色共享、合作共赢”为主题，其间举行了大会开幕式系列活动、高峰论坛、会展展示及交易会、组织产业考察四大活动，旨在整合全球竹业资源，搭建国际交流合作平台，全面展示中外竹产业最新成就，共同推动全球绿色可持续发展(图 4-2)。

图 4-2　首届中国(宜宾)国际竹产业发展峰会暨竹产品交易会启幕(来源：中国日报网)

2020 年 8 月，由四川省林业和草原局、重庆市林业局共同主办的“成渝地区双城经济圈首届最美竹林风景公众评选活动”在宜宾正式启动。这是四川省林业和草原局与重庆市林业局贯彻落实习近平总书记关于竹林风景线的重要指示精神以及川渝两地党委和政府系列决策部署，落实推进川渝林业部门签署的《筑牢长江上游重要生态屏障助推成渝地区双城经济圈建设合作协议》要求，以推选和宣传“最美竹林风景”绿色发展新名片为契机，推动以竹生态旅游、竹产品消费为带动，服务“国内国际双循环相互促进的新发展格局”的首场品牌宣传活动。启动仪式上，四川省林业和草原局与重庆市林业局共同发表了《川渝共建西部竹产业发展高地宜宾共识》，双方将全面贯彻落实习近平总书记关于“因地制宜发展竹产业”的重要指示精神，重点围绕培育竹林基地、构建加工体系、推进竹旅融合、建设竹业园区、搭建合作平台五方面构建长效合作机制，带动中小企业竞相发展，加快竹资源加工转化，加快形成优势互补、互利共赢的竹业发展新引擎，共建西部竹产业发展高地，做好竹林风景建设大文章，助推成渝地区双城经济圈建设。

通过加强与国际竹藤组织、竹产业发达国家和地区、国内知名高校和科研院所、国内重点竹产品集聚区以及竹业品牌企业、行业协会的合作，推动宜宾竹产业走出宜宾、走向全国、走向世界，全力助推宜宾竹产业发展。

4.1.2　主要宜竹区竹林风景线发展概况

宜宾竹林风景线的建设成效带动了四川省内各地竹林风景线的建设。全省竹林风景线建设市县主要有 13 个，其中具代表性的为成都市、眉山市、泸州市、荥经县、洪雅县等。统一按照“规划设计再优化”“建设打造再提质”要求，立足资源特色和地域文化，进一步优化整体规划和节点设计，强化要素保障，美化竹林环境，盘活竹林资源，集约发展竹林产业。

1. 成都市竹林风景线建设

按照《成都市美丽竹林风景线——竹林景观大道提升概念规划》要求，成都市公园城市建设管理局组织部署各区(市)县高质量推动竹文化与城市绿化景观紧密融合，打造层次丰富、景观特色鲜明的公园城市竹林风景线。

以金牛区为例，在金牛大道沿线道路两侧的绿化带和绿地采取点、线、面结合的方式栽种竹类植物，在路口节点设置竹类景观花箱进行点缀，栽种竹类植物 800 余平方米，设置竹类景观花箱 70 个，道路景观品质得到明显提升。成华区则依照“交通安全、协调融合、突显特色、因地制宜、生态经济”的原则，选用凤尾竹、琴丝竹、雷竹等 10 余个适生竹类品种，同时合理搭配多年生花乔、灌木、地被植物及景石等高质量建设成华美丽竹林风景线。截至 2020 年 10 月底，在熊猫大道沿线、蜀龙路等 20 余个节点栽植竹类 24 万余株，形成层次分明、协调优美的美丽竹林景观点位(图 4-3)。

图 4-3　成都市竹林风景线建设

2. 眉山市竹林风景线建设

眉山市认真贯彻落实四川省竹林风景线建设现场推进会精神，瞄准三大重点，分类打造精品竹林风景线(图 4-4)。

图 4-4 眉山市竹林风景线建设(资料来源：眉山市林业局)

一是突出点，打造竹林公园。在森林城市建设中融入竹元素、突出竹主题、彰显竹文化，积极打造一批竹林公园。2018 年以来，先后建成东坡竹园、青神县竹林湿地公园等 6 个竹林公园，面积达到 4000 余亩(1 亩约为 666.67m^2)，满足了城乡群众生态、审美和精神需求。

二是连成线，建设翠竹长廊。与道路、河道绿化治理结合，在岷江、青衣江等江河沿岸，剑南大道等入眉要道和大峨眉旅游环线等旅游干线，规划建设一批长度 10km 以上、宽度 10m 以上的“翠竹长廊”，截至 2021 年，已建成眉山滨江大道“苏堤公园 • 翠竹长廊”、岷东大道 • 翠竹长廊等项目 6 个，形成 80 多公里贯通性竹林生态景观带。

三是做美片，优化竹林景观。坚持植竹与造景并举、添绿与增收并重，积极在乡村风貌改造和城镇建设中融入竹元素，优化竹景观，打造一批竹林小镇、竹林景区、竹林人家，截至 2021 年，建成青神南城镇(现青竹街道)、瑞峰镇，洪雅县槽渔滩镇，青神“中国竹编第一村”兰沟村等竹林村镇；青神云华竹旅、汉阳忆村、竹林院子等竹林人家，植竹与造景并举，添绿与增收并重，在全市乡村形成了前庭后院竹姿摇曳的川西乡村风貌。

3. 泸州市竹林风景线建设

泸州市依托得天独厚的竹林资源，通过三大措施大力建设“两线带多点”“环、线、道”相融的美丽乡村竹林风景线，景不断线，景线相连，呈现出“一城竹林环两江，满目青翠醉酒城”的竹林美景(图 4-5)。

图 4-5　泸州市竹林风景线建设(资料来源：澎湃新闻)

一是加快提升竹林基地质量。大力实施竹资源培育工程，2014 年以来，全市新建竹林基地 36.7 万亩，改建竹林基地 40 万亩。目前，全市现代竹林基地达到 210 万亩。

二是积极打造优质竹林景观。重点围绕“纳叙古”高速公路沿线和纳溪至赤水(G546)沿线，打造“百里翠竹长廊”等沿河沿路自然生态竹林风景线和竹林大道 20 条。坚持与乡村振兴结合，开展美丽乡村植竹造林和绿道建设，配建特色竹建筑，打造城镇竹林景观。

三是积极发展生态旅游。推进“竹+康养”，着力打造合江福宝、金龙湖、法王寺、尧坝，纳溪凤凰湖、大旺竹海、天仙硐，叙永水尾、画稿溪等以竹生态为主的生态观光环线。目前，泸州市已获得“中国特色竹乡”“中国森林养生基地”“中国森林体验基地”等七个国家级生态铭牌。

4. 雅安市荥经县竹林风景线建设

雅安市荥经县以大熊猫国家公园南入口建设为契机，重点打造了龙苍沟竹林小镇，建成全长 17km 的悠然森林竹道、全长 34km 的熊猫翠竹大道，与周边龙苍沟国家森林公园、大相岭自然保护区、牛背山竹林景区串联形成立体竹林景观(图 4-6)。

图 4-6　荥经县竹林风景线建设(资料来源：四川省人民政府、荥经县林业局)

5. 眉山市洪雅县竹林风景线建设

洪雅县结合其宜竹区情况，坚持在生态保护的前提下成片、成带规划布局，将基地建设、景观打造、竹旅融合规划，着力打造集生态建设、产业发展、增收富民为一体的翠竹长廊。重点推进西环线竹林大道建设项目，完成柳江至高庙段沿线宜竹区栽植苦竹任务，完成洪吴路翠竹长廊柳江至赵河段10km沿线宜竹区栽竹规划设计；打造“引青入城”沿线竹林景观；截至2020年，洪雅县已成功创建了1个竹林小镇、3家竹林人家(图4-7)。

图4-7 洪雅县竹林风景线建设(资料来源：康养洪雅)

4.2 竹林风景线三大构建模式

4.2.1 以“景观优先”的模式构建

1. 建设要点

竹类形态优美，叶片潇洒，干直浑圆，具有很高的观赏价值。建设“景观优先”竹林风景线，旨在充分发挥竹类植物的观赏特性，以生态观谋划空间景观格局，提供优质的人居环境。

(1)加强生态竹林资源保护培育

一是坚持做到因地制宜，充分利用荒山荒地、江河两岸、道路两旁、民房前后和不能实现水土保持的坡耕地等培育竹林资源。二是加强生态竹林资源保护。推进天然林保护、湿地保护恢复、水土保持、边坡治理等重点工程，充分发挥竹林对江河流域的生态保护作用。加大珍稀濒危、重要乡土竹种质资源收集保存力度，支持有条件的竹类种质资源库建设国家林木种质资源库。三是利用推广竹木混交种植，加快低产低效竹林复壮改造，将退化竹林修复更新纳入森林质量精准提升工程。加强观赏用竹的良种定向选育和推广应用，推进规范化母竹繁育基地建设，支持建设新型竹苗苗圃。

(2)积极培育优质景观竹林

积极营造多类型、多用途的竹林景观资源。利用城镇道路、绿地、楼院、庭院等碎片空间，开展植竹美化，打造城镇竹林景观。充分利用竹子多年生木质化植物特性和枝干挺拔秀丽、婀娜多姿、四季青翠的特点，有效利用竹林资源，将竹景观节点、生态旅游基地、大地景观等有机串联。开展美丽乡村植竹造林和绿道建设，在江河、湖库、公路、铁路等沿岸沿线加快建设翠竹长廊和竹林大道。同时，结合小流域生态综合治理和河道水生态整治，因地制宜发展水源涵养林、水土保持林和景观林。重点推进竹林隔离带、竹景观生态带和竹林风景线建设，保留“田、林、水、院”空间形态格局，展现“竹色溪下绿”“映竹水穿沙”的优美画卷。

(3) 深入开展竹林风景营造

一是打造川西林盘竹场景，推进川西林盘保护修复工作。塑造“茂林修竹”的林盘竹景观，融合竹文化元素，营造竹消费场景，建设竹林综合体。二是结合特色产业发展和景观打造，打造景区景点竹景观。在城市公园、城市果园和重要景区景点融入竹元素，营造古风雅韵的竹场景，发展竹民宿、竹展览产业。三是结合城镇园林建设，打造城镇竹景观。加强城镇公园、道路、小游园、微绿地、社区等区域的竹运用，融入各异竹元素，建设翠竹夹道、亭阁相映的赏竹公园，书香四溢、曲径通幽的竹林书院和清幽宁静的竹意小憩等特色竹景观和竹场景。四是营造绿道竹景观，积极推广“竹林+绿道”模式，建设彰显竹元素的绿道和特色竹文化精品驿站。五是结合农村风貌整治行动，打造“翠竹掩映”的农居景观。六是依托竹林盘资源，结合生态旅游，打造文旅融合竹景观。培育建设集休闲观光、科普教育、特色体验等功能于一体的竹林人家和竹林康养基地。七是建设竹主题特色镇，支持创建竹林小镇，评选竹专业村镇、竹类示范村和特色生态旅游示范村。

(4) 科学推进常态管护经营

在基础设施、设备设施、竹种栽植、竹林管护等方面同步设计、同步建设。首先，完善竹产区基础设施，对竹林分布相对集中的市县、乡镇、村(含林场)竹区机耕道、生产便道、游步道、绿道等新改建项目实施补贴，支持建设符合规定的竹林基地对外连接道路、配套灌溉设施等。其次，做好清理整地、土壤改良、良种选育、种苗采集(全枝全冠、带大土球)、栽植补植、抚育施肥、护笋采收、限额采伐、病虫害防治、竹林防火等竹林常态管护措施，科学提升良种繁育、种质资源保存、竹林管理以及生产技术水平。此外，全面精准实施竹林分类经营，提升竹林林地产出率。对退化竹林修复更新进行补贴，将符合规定的新改建规模化、标准化竹产业基地列入林产业项目扶持。

2. 案例分析

以“景观优先”为主的模式构建案例名称见表 4-1。

表 4-1　以“景观优先”为主的模式构建案例名称一览

	构建形式	案例名称
景观优先	翠竹长廊	宜宾市长宁县段宜叙高速公路景观设计
	翠竹长廊	宜宾市两海连接线景观设计
	翠竹长廊	宜宾市五粮液机场连接线景观设计
	城镇竹园林	宜宾市长宁县竹海大道延长线景观设计

(1) 宜宾市长宁县段宜叙高速公路景观设计

项目时间。2018 年 9 月。

项目概况。结合宜宾市打造“中国竹都”，建设“最美竹海”的发展目标，充分发挥宜宾长宁林竹资源优势，通过对主要交通干道线型竹景观风景线的打造，呈现“多彩竹廊，最美竹乡”的崭新形象。让长宁迅速“绿起来”，让竹林成为长宁的一道美丽风景线，加快形成环境优美、生态宜居的城市景观环境。其总体布局划分为五个节点，即长宁互通节点、竹海互通节点、龙头一带节点、双河互通节点以及梅硐互通节点。

项目解读。通过生态竹廊、竹灌配置串联起长宁竹海、竹石林等旅游示范点，途经首批中国竹业特色之乡(双河镇、竹海镇)、市县级乡村振兴示范点(集贤村、双河镇等)以及景观竹林培育基地等天然竹林产区。针对景观模式构建，在不同特色节点种植相应主题的竹种类型，体现观赏性的同时提升表现力，以形成景观序列变化不一、生态效果形式各异的竹林风景线。

在长宁互通节点设计上，绿化总面积29979m^2，主要竹种为鼓节竹、大佛肚竹等景观竹，适当间插整丛西凤竹、小琴丝竹等中小型丛生竹，搭配三角梅、蔷薇等灌木，形成以竹为主的景观(图4-8)。

图4-8 长宁互通效果图与现场照片

竹海互通是连接蜀南竹海景点的重要节点，绿化总面积34254m^2，选择熊猫元素与竹配合，立意为“熊猫回家”，强化竹类植物的地域内涵(图4-9)。

图4-9 竹海互通效果图与现场照片

在龙头一带节点，保留煤矸石的山丘原貌，选用桢楠、银杏打造“多彩竹廊、桢楠基地”，桢楠与银杏按照6∶4的比例进行造林种植(图4-10)。

图4-10 龙头一带效果图与现场照片

双河镇是“中国竹业特色之乡”，在双河互通节点设计上，绿化总面积 28486m^2，主要参考长宁互通植物配置形式，呈现出“花红竹绿、五彩入怀”的景象(图 4-11)。

图 4-11　双河互通效果图与现场照片

梅硐互通节点绿化总面积 20212m^2，作为红色文化景点的门户，在植物景观设计上融入了党建文化元素(图 4-12)。

图 4-12　梅硐互通效果图与现场照片

蜀南竹海服务区是宜叙高速的代表服务区，以菲白竹、菲黄竹代替草坪，箬竹当绿篱，凤尾竹做球体，配以小琴丝竹、大佛肚竹、小佛肚竹等。显然，相较于高速通廊上的竹种选择，该处在竹种选择上更注重小尺度的形态美、色彩美、意境美，景观表达显得更为细腻和丰富(图 4-13)。

图 4-13　蜀南竹海服务区效果图与现场照片

在公路沿线可视范围内的“十万亩楠竹示范基地”上，通过积极培育竹资源，完善集材道、服务用房、蓄水池等配套基础设施的建设，实现百里翠竹示范带的增量扩面和提质增效(图 4-14)。

图 4-14　楠竹示范基地现场照片

此外，在各互通节点之间的公路两侧建设生态护坡，构建贯通全线的竹林景观(图 4-15)。沿线生态护坡依靠坡面植物的地下根系及地上茎叶的作用护坡，不仅是边坡绿化措施，还是自然生态系统重要的恢复、重建方式，具有工程防护及其他防护不可替代的作用，在满足生态恢复和道路安全设计的前提下兼顾经济性和景观价值。竹类植物具有常年生或多年生、适应性强、抗逆性强、生长能力强、养护简单等特点，这里选择竹类植物作为主要护坡植物，兼备草本植物、灌木、藤本植物、乔木植物的护坡优势。

图 4-15　生态护坡现场照片

竹景观生态护坡将植物措施与工程措施相结合，为植被的生长、恢复创造有利条件，不仅能防治边坡土壤侵蚀，而且能够恢复公路建设对生态环境造成的破坏，美化环境的同时维护公路沿线生态平衡。

(2) 宜宾市两海连接线景观设计

规划时间。2020 年 1 月。

项目概况。起于宜叙高速公路竹海互通收费站，自西向东，止于长宁县竹海镇双凤村。全长 12.386km，其中长宁县铜锣镇—井江镇段长 1.8km，“两海”示范区竹海镇段长 10.586km，道路均采用二级公路标准，K0+000～K7+800 段路基宽度 19.5m，K7+800～K12+200 段路基宽度 16.5m。整条线路共设计五个景观序列，即初探—起势—浮现—望见—升华，沿途经过竹之生、竹之芯、竹之魂等以竹为主题的竹海节点。

项目解读。在该专项中，竹海连接线的建成完善了宜宾市交通设施建设，同时也推动了当地竹产业旅游开发。首先，游客乘车在宜叙高速竹海互通收费站下高速路后沿路观赏 15 分钟车程即可到达核心景区，彻底解决了高速至景区“最后一公里”的问题，提高了全国各地游客到达景区的便捷性。此外，竹海连接线坚持以竹为本的发展思路，沿高速路建设成一条以竹为魂，内涵丰富的旅游线。在宜叙高速路两侧发展竹相关一二三产业，带动整个竹产业的发展和转型，使该线不仅成为一条竹林风景线，还成为带动周边居民收入提升的富民线，依托高速路打造美丽竹居产业链，推动了全域竹生态文化旅游高层次、全方位发展。

针对第一、第二产业，竹海连接线保留道路两侧原有林竹类资源，包含硬头黄竹、苦竹、方竹等。以硬头黄竹为例，该竹纤维含量高、纤维性能好，可作为纸浆原料加以利用，还能为竹地板、竹家具、竹生活用品等竹制品提供原材料。针对第三产业，以蜀南竹海万亩翠竹为示范，通过竹建筑、竹民宿、竹农家乐、竹餐饮、竹庭院、竹游道建设、结合竹文化相关旅游文化背景、基础设施建设等，致力打造具有故事性的竹特色乡村道路景观。

初探序列对应竹之生，包含竹径密林、竹海镇匝道、长宁河大桥以及游客中心前夹心绿地等景观节点，此序列充分运用高大竹种，营造入口形象视觉通廊，适时搭配多层灌木花卉，丰富景观层次，形成翠竹挺立、花团锦簇的入口景观(图 4-16、图 4-17)。

图 4-16　竹径密林、竹海镇匝道效果图

图 4-17　长宁河大桥、游客中心前夹心绿地效果图

起势序列对应竹之艺，包含路间绿地、田园风光等景观节点，重点布置大型竹编艺术装置，对现有裸露土地开展绿化修补(图 4-18)。结合道路两侧大田景观、川西民居打造田园风光节点，营造茅屋陇亩、青竹盘绕的诗意林盘(图 4-19)。

图 4-18　路间绿地效果图

图 4-19　田园风光效果图

浮现序列包含彩林叠翠节点，对现状挖方区域做微地形缓坡处理。路肩边缘运用观赏草、多年生宿根花卉等要素修饰道路边界，与周边环境相融合(图 4-20)。

图 4-20　彩林叠翠效果图

望见序列包含观山寻石节点，设置道旁观景平台，远眺苍翠竹海，景观亭选用竹木等天然材料饰面，满足停驻、观景、打卡等复合游憩功能(图 4-21)。

图 4-21　观山寻石效果图

升华序列对应竹之魂，包含蜀南竹海西大门广场片区、停车区、滨水景观、休闲廊架、入口节点、基础设施、高边坡以及游客中心侧立面设计(图 4-22)。蜀南竹海西大门充分利用场地高差，规划瀑布玻璃栈道观景平台，山石水景、茂林修竹错落渐布(图 4-23)。入口大型的竹构筑物作为休憩亭架，兼具展示美化、基础设施等功能(图 4-24)。

图 4-22　蜀南竹海西大门广场片区效果图

图 4-23　蜀南竹海西大门滨水景观效果图

图 4-24　蜀南竹海西大门广场竹亭架效果图

(3)宜宾市五粮液机场连接线景观设计

规划时间。2020 年 4 月。

项目概况。基地位于空港新城西侧，道路起点与规划宜宾市叙州区到机场的道路相接，终点与乐宜高速公路宗场出口道路相接。道路沿线有保税物流园区、电子商务及邮件处理区、临空商务区、休闲旅游发展区等园区。项目依托场地周围自然山体景观，挖掘宜宾竹文化、酒文化、江文化，并以此为设计线索，植入竹节、竹筒、竹笛等设计元素，打造一条清雅灵韵的城市绿廊。运用周边“万家灯火”景致，融合灯光设计手法营造“光影流韵”的道路夜景，最终呈现出“山水相醉千灯汇，竹影风清一线通”的机场道路景观(图 4-25)。

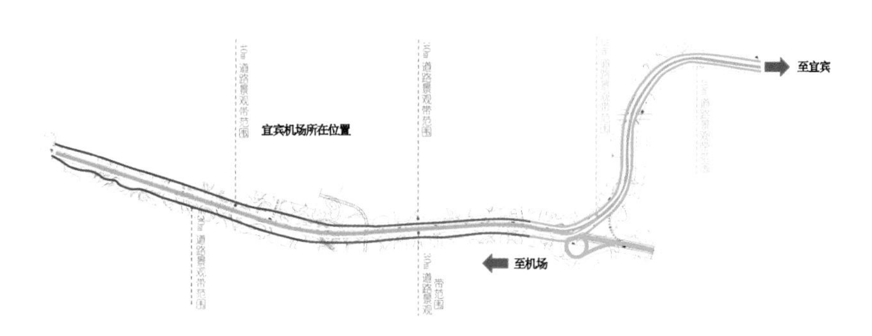

图 4-25　五粮液机场连接线总平面布局

项目解读。规划设计层面，采用分段设计方式，勾勒“风、雅、颂”景观带，将宜宾机场路景观打造成为城市绿化名片(图 4-26)。

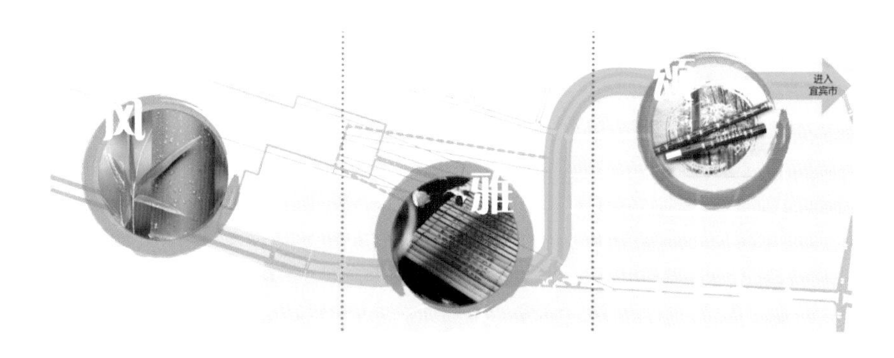

图 4-26　五粮液机场连接线空间序列

“风”标准段对称列植黄葛树、白杨、香樟等高大乔木，大面积道路绿化有助于消除游客的长途困顿，舒缓游客情绪，引导人们进入观赏状态，打造“清雅灵韵、四季皆绿”的城市名片，即“山青水绿的酒江之城”。“雅”标准段在绿色林带的基础上，点缀色彩艳丽的灌木、地被，使得景色富有层次感，同时配以芳香植物，打造五感相融、沁心芬芳的植物景观。“颂”标准段在绿化配置上采用垂丝海棠、樱花等色彩明艳的植物，暗示道路序列进入了高潮，营造“繁华昌盛、缤纷迎宾”的热闹景象。

总体而言，对机场快速路标准段进行了微地形改造，塑造绵延起伏的景观地形，利用乔木、灌木、地被及草皮进行多层次植物配植，以形成丰富立体、多元趣味、动静相宜的道路景观。植被选择方面，以竹类植物为主，结合适量观花植物和香源植物，在保证四季绿量的同时，体现多样的季相变化。道路两侧绿带中布置形式多样的四季花带，形成景观亮点，提高观赏效果。

针对各景观节点，在中分带处，采用紫竹和金镶玉竹组团进行种植，以金镶玉竹和紫竹分别做圆形栽植、屏风形栽植、S 形栽植(图 4-27～图 4-29)。同时，将宜宾“大江文化、五粮液文化和竹文化”适当点缀在节点上，打造一条“花香四溢、四季分明、风景如画”的景观大道。

图 4-27 圆形栽植中分带效果图

图 4-28 屏风形栽植中分带效果图

图 4-29 S 形栽植中分带效果图

机场立交节点选用楠竹、塔柏组成高大绿色组团，列植、群植于高架两侧，灌木层选用金银合欢组团进行片植，搭配流线型的地被花卉景观层。适时植入文化景观构筑物用于点景，提升道路景观观赏性(图 4-30)。

图 4-30　机场立交效果图

趣味性景观节点以竹片、竹笛为背景元素，抽象提取五粮液酒瓶形态，构建带状竹构宣传边廊。点植构思精巧、尺度细腻的竹丛、花径景观，展现宜宾独有的酒文化和竹文化(图 4-31)。规划场地实施现状如图 4-32 所示。

图 4-31　快速路趣味景观小品效果图

图 4-32　五粮液机场连接线现场照片

(4) 宜宾市长宁县竹海大道延长线景观设计

项目时间。2018 年 4 月。

项目概况。延长线道路工程位于长宁县西侧，长宁收费站至宜长公路交会处，道路总长 2241m，连接长宁收费站与宜长路，是入城的重要交通枢纽之一。本项目作为进入长宁城区的门户道路，一是展示长宁印象、迎接四方宾客的迎宾景观廊道；二是体现生态休闲理念、服务市民的城市绿色廊道；三是展示长宁竹艺、竹味、竹声、竹韵等竹要素的历史文化廊道，是长宁未来发展的重要基石(图 4-33)。

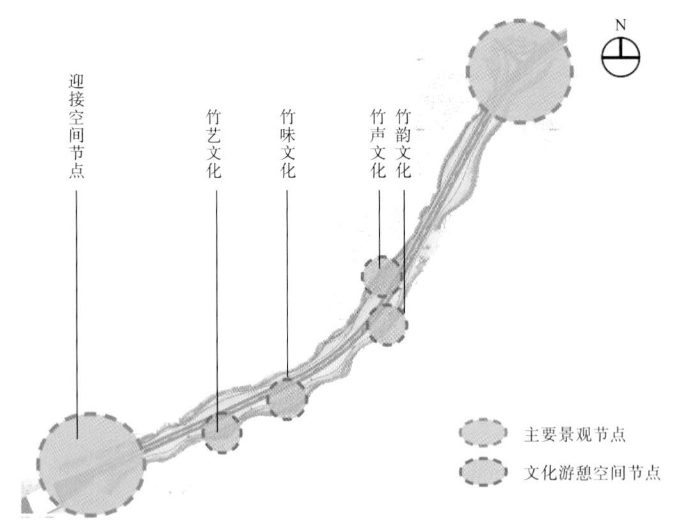

图 4-33　竹海大道延长线总平面布局

项目解读。充分研究场地条件以打造长宁独有的景观大道。首先，边坡整形。梳理全线路坡地，少拆迁，边坡土方尽量做到挖填平衡，创造起伏的坡地流线。其次，文化植入。延长线景观除了迎宾、休闲外，更是市民郊野骑行的城市绿肺，设计考虑以 2～3 种高大竹类品种为背景，全线统一竹背景的风格，局部组团绿化，结合骑游道，展示宣传长宁竹文化。最后，采取生态低维护措施。全线采用长流线乔木、灌木带设计，局部增加花卉组团，尽可能减少后期维护成本。

针对竹海大道延长线标准段设计，中央绿化带选用当地特色植物进行搭配，以突出丰富的植物序列感和色彩季相变化。两侧人行道铺装以石材为主，采用芝麻黑、芝麻灰这类素雅的色调以突出植物组团，提升迎宾大道格调。在边坡地形的变化中规划出骑行绿道，丰富边坡绿化层次的同时加强景观的使用性和互动性。保留坡型较好的前侧边坡，利用现状进行地形微平整，打造开阔的草坪空间，后侧造缓坡微地形再用当地竹类植物围合，打造乔灌结合、疏密有致的迎宾大道景观(图 4-34、图 4-35)。

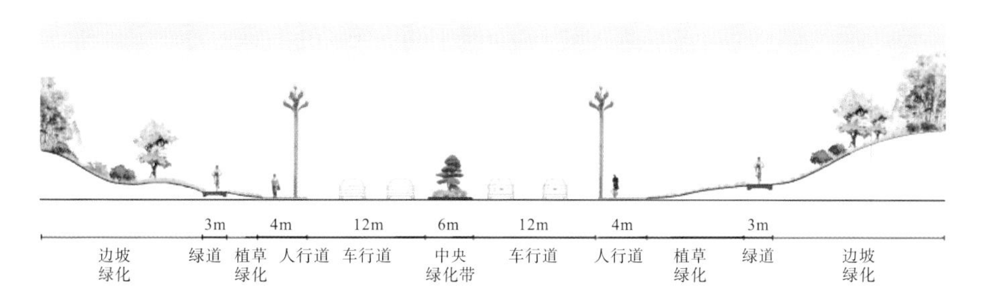

图 4-34　竹海大道延长线标准段剖面图

图 4-35　竹海大道延长线标准段效果图

由于边侧绿地地形较为复杂，因此将延长线分段，根据地形地貌进行方案深化设计。以延长线端头节点为例，此段为延长线入口处，考虑在舒缓坡地打造标志性节点植物组团，道路一侧列植三角梅，强调规整简洁、气势宏伟的景观效果。以高大竹林带与景观矮墙遮挡农房建筑，前置3m城市骑游道，满足市民的出行需求(图4-36)。

图4-36 竹海大道延长线端头节点效果图

考虑将牌楼作为入口方案之一，充分借鉴长宁县服务区建筑的色彩、材料以及竹装饰元素选择。牌楼设计从中国传统建筑风格出发，对建筑斗拱进行抽象处理，化繁为简，融入竹构件以强化展示界面。在牌楼中央增加LED屏，便于运营期间以多媒体形式灵活地宣传长宁(图4-37、图4-38)。

图4-37 竹海大道延长线端头节点迎宾牌楼效果图

图 4-38　竹海大道延长线端头节点迎宾牌楼夜间效果图

对竹海大道部分路段开展提升改造，以该节点为例，宜长路右侧边坡较为杂乱，原有雕塑不够突出，因此适当舒缓整理坡形，增加中间灌木层数量以突出前景雕塑。对现有边坡进行适当填方，打造流线型组团绿化，进一步强化边坡的景观引导性(图 4-39)。规划实施后场地现状如图 4-40 所示。

图 4-39　竹海大道延长线宜长路景观提升前后对比图

图 4-40　长宁高速出口连接线现场照片

4.2.2 以“富民为主”的模式构建

1. 建设要点

竹产业是我国林业发展的朝阳产业之一，关注竹资源的利用与其生态平衡作用下的利益最大化是我国乃至世界竹产业发展的重点。在此背景下，重视与美丽乡村结合的竹林产业线，大力推动乡村经济发展。现代竹产业除了包括传统竹产业，还包括竹子的延伸产业，比如竹炭产业、竹纤维产业和竹文化旅游产业。可见，竹产业是在资源缺乏及能源枯竭的情况下，现代社会最为需要的绿色、环保、健康、低碳、再生的朝阳产业，因此，要加快竹产业的发展[27]。

(1) 重视科学引导，合理利用竹资源

重视科学引导以促进以竹林资源加工为本底的相关产业形成，推动竹林一二三产业的融合与井喷式发展，包括林副产品生产加工行业与三产服务业，进一步促进竹林下经济、竹旅游产品的开发，形成竹产业深度融合。竹旅游产品的开发，形成竹产业深度融合。在利用竹资源过程中，重视链式发展，通过培育全产业链，完善加工配套，促进产业集聚和集群发展，同时通过设立重大科研项目、创新奖励等政策，鼓励企业和科研院所积极创新，研发竹加工利用新技术、新产品。

(2) 加快产业转型，实现集约高效

根据现有的竹林资源，提高竹林的经营效益，以竹产业生产加工技术升级为重点，以支撑竹产业发展的竹材人造板、竹制品、竹笋和竹化工品等重点产品为主线，推进竹林资源经营向规模化、组织化转变，实现多模式、集约化、高效益的竹林可持续发展目标[28]。同时，加快产业转型提升，培育创新发展新动能。推进竹加工制造业供给侧结构性改革，坚持绿色低碳发展，强化驱动创新，增强发展动力，推动竹加工产业迈向中高端产业链。以竹产业发展较好的各乡镇为重点，坚持集聚发展、特色发展、创新发展，全力打造国家竹产业高新技术、绿色低碳、循环经济的示范园区，并成为国内竹加工产业集聚程度高、规模大，集研发、生产、交易为一体的产业创业平台，着力提高竹产业区域竞争力，加快完成以“富民为主”的模式构建。

(3) 完善税收扶持政策

为支持竹产业发展，加大税收政策扶持与相关林业专项转移支付资金扶持力度，增强竹产业建设的贷款投入力度以争取各级财政加大贷款贴息力度，完善贴息政策。此外，建立和完善财政支持下的竹林保险机制，健全林业基层服务竹林保险体系和工作机制。加大对从事竹产业的企业和个人的融资支持，调动基层种植积极性，对竹产业综合利用产品实行税收优惠政策，对劳动密集型和高附加值竹产品争取提高出口退税标准，推动低碳经济和劳动密集型企业的发展等。积极鼓励金融机构开发与竹产业多种功能相适应的金融产品，建立面向竹农的小额贷款和竹产业中小企业贷款扶持机制，适度放宽贷款条件，降低贷款利率，简化贷款手续，积极开展包括林权抵押贷款在内的符合竹产业特点的多种信贷融资业务。

(4) 拓展发展资金来源

设立竹产业发展基金，以扶持企业科技创新、知识产权保护、创建品牌、标准体系制定等方面。同时加快将竹产业纳入中央财政现代农业发展资金扶持范围，以促进农发资金对竹产业良种繁育、原料林基地建设、新品种新技术的引进推广、新产品的开发及龙头企业的技术改造等方面的投入。此外，各级地方财政应将森林植被恢复费和育林基金的一定比例用于竹林营造、竹林区道路修建等方面，并出台鼓励竹林风景线建设的相关政策，对于评定出的符合标准的竹林风景线，国家财政给予一定支持，并将其建设纳入地方发展规划之中。

(5) 建立完善竹产品市场体系

以市场需求为导向进行竹产业开发，根据市场经济规律，在市场需求研究基础上及时收集分析竹产品市场信息，准确掌握行业和市场发展变化趋势以确定竹产业主要发展方向。同时，加快建设区域性竹产品市场，健全竹产品市场流通体系，设立绿色通道，保证产品在全国范围内实现自由流通。此外，充分挖掘竹产品的城乡市场消费能力，建立和完善多元、稳定、安全的竹产品市场体系，加强对竹产品消费政策的引导，积极培育国内市场，联合政府进一步与行业协会、企业联手，通过多种形式加大对竹产业、竹产品、竹企业的宣传力度，形成产业影响力。

(6) 构建多层次标准体系

要使竹产品既符合与满足进出口贸易的标准和需要，又符合中国国情的食品标准新体系，就要构建系统、科学、合理、完善的竹产业标准体系，以推进竹产业标准水平和竹产品质量提高的基础工作[29]。一方面加快制定我国竹产业标准化战略方针，加强竹产业标准化的理论研究，制定全面涵盖竹类资源培育、竹材加工、竹子化学利用、竹绿色食品加工、竹纤维利用及竹副产品开发等方面的国家(行业)标准，构建完整的竹产业链标准体系。另一方面，加强与国际竹藤组织、国际标准化组织的交流合作，学习发达国家和地区的技术标准以推动我国竹产业技术标准的国际化。

2. 案例分析

以“富民为主”模式构建案例名称见表 4-2。

表 4-2　以“富民为主”模式构建案例名称一览

	构建形式	案例名称
富民为主	竹林康养基地	宜宾市高县来复镇大屋村竹特色村(大雁岭竹康养基地)
	竹林景区	宜宾市蜀南竹海风景名胜区重点游览区整治提升规划

(1) 宜宾市高县来复镇大屋村竹特色村(大雁岭竹康养基地)

项目时间。2020 年 11 月。

项目概况。宜宾市高县来复镇大屋村竹特色村建设项目通过竹特色村项目的设计和实施，使大屋村文化品位得到有效提升，促进了旅游业发展，从而使农户人均纯收入得到相应提高，为一二三产业融合发展打下了坚实基础。

项目解读。该项目建设为当地农户、投资企业等提供良好的生活、工作环境，并为乡村旅游的打造和产业发展提供良好环境和服务功能，以推动一二三产业协调发展，实现增收富民。强调乡村生态环境建设与农业基地、农家民居的景观绿化、美化工程，进一步完善基础设施与公共服务设施配套建设，整体提升乡村风貌，实现经济、社会的可持续发展以及人与自然的协调发展。

具体而言，在原生环境中种植丛生竹林与其湖面倒影相映成趣，同时增植花叶芦竹等亲水植物，丰富湖边驳岸景观层次。考虑到游客观光的安全性与趣味度，在景区出入口处利用竹景观绿带将人行道与车行道间隔分流，并在人行道旁的堡坎上设置“文明乡风”文化宣传栏(图 4-41)。

图 4-41 大雁岭竹康养基地节点效果图与现场照片

在春茂农家乐对面节点打造上，新增竹元素景观小品座椅，并采用竹组团从局部围合，为游客营造相对独立的林下休闲空间(图 4-42)。规划实施后场地现状如图 4-43 所示。

图 4-42 大雁岭竹康养基地节点效果图

图 4-43　大雁岭竹康养基地现场照片

(2) 宜宾市蜀南竹海风景名胜区重点游览区整治提升规划

项目时间。2017 年 12 月。

项目概况。蜀南竹海风景名胜区重点游览区整治规划是在党的十九大和《全国风景名胜区事业发展“十三五”规划》的背景下，结合宜宾市和长宁县的发展战略，对重点游览区进行整治提升，以此推动蜀南竹海风景名胜区的转型与升级。通过本次规划梳理和完善景区风景游赏体系，从景区游览系统组织、功能空间重构、特色竹文化彰显、旅游服务设施配套、管理服务水平升级等方面进行整治提升，力求提高蜀南竹海风景名胜区游赏体系的整体质量和水平，逐步促进蜀南竹海风景名胜区可持续发展。

项目解读。蜀南竹海风景名胜区重点游览区的风景游赏体系分为“一主六支多环多点”，其中“一主”指风景区游赏主线；“六支”指分布于各景区的六条游赏支线，分别为忘忧谷—墨溪游览支线、龙吟寺游览支线、挂榜岩—仙寓洞游览支线、海中海—仙女湖游览支线、青龙湖游览支线、七彩飞瀑游览支线；“多环”指串联各景区景点的步行游赏环线，分别为墨溪游览环线、忘忧谷游览环线、竹海大峡谷环线、海中海—仙女湖游览环线；“多点”指分布于蜀南竹海中的多个景区与景点(图 4-44)。

图 4-44　蜀南竹海风景游赏系统规划图

充分展现忘忧谷景点幽林、幽溪、幽静及幽谷等景观特色，对现状场地铺装和景观小品进行清洗翻新，增设游客休息亭廊，同时引入竹风铃、品酒台等景观小品，增加游人体验活动(图 4-45)。

图 4-45 蜀南竹海忘忧谷改造效果图

对现有景区步道进行综合提升与改造，其中包括整治提升观景平台 5 处，新建观景平台 9 处。针对提升的观景平台采用“红砂岩+仿竹栏杆”的形式，增加景观平台通透感；将原有水泥地面改为防腐木铺装地面，使整个观景平台与丹霞地貌景观相互协调(图 4-46)；对原有观景平台进行扩建，扩大观景视野；梳理周边环境，完善游览服务功能，增加临时休憩设施(图 4-47)。规划实施后场地现状如图 4-48 所示。

图 4-46 蜀南竹海观景平台改造

图 4-47 蜀南竹海观景平台扩建

图 4-48　蜀南竹海基础服务设施建设

4.2.3　以“文化引领”的模式构建

1. 建设要点

四川宜宾竹文化系统是中国竹文化的重要组成部分，2020 年 1 月，四川宜宾竹文化系统入选中国重要农业文化遗产名单。应重视竹文化传承，促进竹文化与其他文化如儒家文化、宗教文化、大熊猫文化、茶文化等的融合[30]。尝试提取传统竹文化元素，并进行适当的产品形态语义表征，实现竹文化与现代产品设计的有机结合。应用高新技术，丰富文化传播形式，打造一些深层次、多角度、展开性的互动平台，以具象驭抽象，由单线输出转化为多元呈现。积极组织竹文化节、相关主题活动等，打破传统的文化宣传模式，建立与当地城市建设交融共生新的契合点。

(1)重视文化融合与创新

强调文化的横向关联。首先，需要创新竹文化的展览方式。通过本展、租展、义展等方式，丰富展品内容，建议按照历史年代进行布展，展示从竹子化石与熊猫化石、尧舜时期的竹子传说、春秋时期的竹君子、战国时期的孙子兵法，到唐宋的竹诗词竹典故，元明清的竹食谱、竹工艺品、竹器，再到现代竹工艺品、竹家具、竹建筑等，充分呈现源远流长、博大精深的中国竹文化，建成全国内涵最丰富的竹文化博物馆。做好竹种配置，按竹子的系统演化进行科学布局。

同时，也要促进文化之间的融合，例如竹与儒家思想的“天人合一”，是中国文化的一个重要特征。在竹与宗教思想中，竹是佛教中的一种“法身”，传递出“空”的意境与“内省”的态度。再者，鉴于大熊猫文化是竹文化的衍生，可着力打造大熊猫国际文化品牌。另外，竹文化与茶文化、竹文化与酒文化、竹文化与盐帮文化等也能够有机融合。

推进文化的纵向延伸。文化的纵向延伸伴随着在不同社会时期累积的产物，主要体现在物质方面、行为方面以及心理方面。物质方面是指与自然地理环境相对应的社会生产方式；行为方面是指人与人在交往中逐渐形成的生活习惯、风土民情等表现形式；心理方面是指人们在社会意识活动中孕育出来的价值观念、审美情趣、思维方式等主观因素。因此，首先应充分利用定向化培育高效优质的竹林资源，在延续传统生产方式的基础上引进先进技术，充分应用新成果、新技术、新装备，加快低产低效竹林复壮改造。推行竹与桢楠、香樟、红豆杉等树种混交种植，加强竹林林下地被植物的栽培，积极推进竹下生态种植、养殖、采集等复合经营，构建生态价值、经济价值和美学价值更高的立体复合植物群落模式。其次，政府应积极组织竹文化相关节庆及主题活动，引进一批竹工艺大师，培养一批年轻竹工艺师，开设竹文化线上线下课堂，依托当地既有学院开展竹文化产业相关技能培训和人才培养，采取“产研院＋企业工程中心”模式，引导建设一批竹文化研究中心。再次，随着竹材加工技术的不断进步、精深竹材加工产品的不断开发以及国内外市场对竹材加工产品需求量的日渐增长，人们在建筑、家具、生活用具等方面对竹及其相关产品的认可度愈发加深。

(2)促进文化效益的提升

在传统的宣传形式中，往往片面地以宣告旅游为目的，很难对竹文化进行全面细致的介绍。从文化效益发展来看，需要在城市发展中注入传统的文化内涵，实现竹文化与城市精神文明建设的交融与共生。而这样的融合必然是一个长期发展的过程，涉及了社会、遗产、美学等多方面因素。

另外，可通过虚拟现实技术与数字化技术打造人机互动平台，摆脱时间和空间的限制，以随时随地了解竹景文化，其动态化、分解式的讲解形式尤其对语言难以描述的文化的传播具有重要的推动作用。通过虚拟现实技术对竹景建造过程进行详细的展示，实现人们对竹景深层次、多角度、系统性的了解。另外，将高新技术用于竹文创产品，研发竹名片、邀请函、入学通知书、标牌等，还可以用于制作竹书、竹画等，挖掘高端应用潜力，提升竹文创产品在市场上的价值。

(3)注重景观意境的发挥

加强竹林景观的文化内涵建设，讲好竹故事，实现处处有竹景、处处有文化。其一，重视景观意境的营造。直接运用竹类植物的造景艺术手法，通过“丛植”“对植”“列植”“林植”等配置方式，结合山石小品营造出“竹里通幽”“移竹当窗”“粉墙竹影”“竹坞寻幽”“结茅竹里”等意境[31]。也可借用引申，对竹文化符号进行抽象、简化、夸张、微调、变形等处理，继承和发扬竹的原有精神信息。此外，还可运用园名、景题、刻石等文字方式直接通过文学艺术来表现和深化说明景观意境的内涵[32]。其二，重视场所精神的形成。掌握竹景的历史起源、现状以及未来发展趋势。

2. 案例分析

以“文化引领”为主的模式构建案例名称见表 4-3。

表 4-3　以“文化引领”为主的模式构建案例名称一览

	构建形式	案例名称
文化引领	翠竹长廊	江安县翠竹长廊(竹林大道)
	城镇竹园林	龙头山竹文化生态公园景观规划
	现代竹产业基地	邛崃竹文化生态产业园景观规划
	城镇竹园林	长宁竹都公园改造提升景观设计
	竹林小镇	竹海镇规划

(1)江安县翠竹长廊(竹林大道)

项目时间。2020 年 5 月。

项目概况。以江安县翠竹长廊(竹林大道)为案例，规划时间为 2020 年 5 月，其总体布局规划分为点、线、面三大部分。其中节点规划包含 2 个大节点、3 个小节点：大节点为“沈公引竹”“劲节之歌”；小节点为石龙桥、铜锣村、保家村。线性规划是沿夕竹路分为蜀南竹韵、翠云长廊、田园风光三大主题分区。风光展示面包含夕佳田园、连天云烟两大部分(图 4-49)。

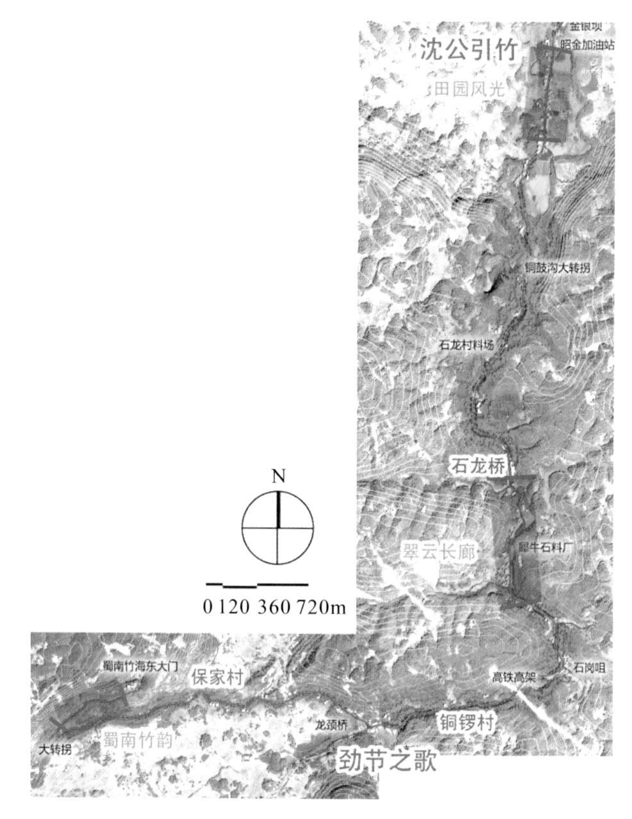

图 4-49 江安县翠竹长廊(竹林大道)总平面布局

项目解读。将地域文化与非物质文化遗产(竹簧、竹筷、竹艺)、竹咏(竹诗、竹传说、竹典故)以及风味美食(全竹宴、江安笋宴)等融合，通过构建专属文化 IP(intellectual property，知识产权)，打造具有地域传承的景点特色。在节点设计中，修建沈公亭，复制沈公碑立于亭内，刻竹簧、竹箸浮雕，并在区域内栽植竹和景观植物，适当摆放石景观，做竹石小品(图 4-50)。

图 4-50　“沈公引竹”效果图

规划实施后场地现状如图 4-51 所示。

图 4-51　“沈公引竹”现场照片

在“劲节之歌”这一处，设计将提取厚植于江安红色文化的烈士精神与长征精神，结合具有象征意义的竹节和竹叶，共同演绎本节点的文化内涵。具体表现方式为：以楠竹作为背景林，适当栽植观赏竹种。设立一组红色文化雕塑人物群，增加党和国家领导人赞颂余泽鸿的石刻题咏，与竹的精神文化相互呼应(图 4-52)。

图 4-52 “劲节之歌”效果图

规划实施后场地现状如图 4-53。

图 4-53 “劲节之歌”现场照片

“翠竹长廊”节点以密集且荫蔽的竹类种植形成竹林景观，营造清幽的竹径氛围。道路两旁高大的楠竹自然生长，依势形成“竹拱门”，取迎宾之意，也给人以壮观磅礴之感(图 4-54)。

图 4-54　“翠云长廊”效果图

规划实施后场地现状如图 4-55 所示。

图 4-55　“翠云长廊”现场照片

线性规划以展示川南乡野田园风貌为主，保留现有林田肌理，以竹林、田间作物作为自然背景，充分凸显乡村野趣，统一规划川西林盘“林、水、宅、田”乡野景观要素，形成“翠竹掩映、炊烟袅袅、阡陌交错”的田园风光(图 4-56)。

图 4-56 “田园风光”效果图

规划实施后场地现状如图 4-57 所示。

图 4-57 “田园风光”现场照片

(2) 龙头山竹文化生态公园景观规划

项目时间。2019 年 3 月。

项目概况。一溪串珠，园中布园。其中园中园有：竹茶园、竹屿园、幽篁里、云溪竹园、竹影荷香园、岁寒三友园、丝竹苑。六大景点包括竹径茶语、竹屿琴音、竹里梅红、梧竹幽居、云溪竹径、竹深风荷(图 4-58、图 4-59)。

图 4-58　龙头山竹文化生态公园总平面图

图 4-59　博物馆鸟瞰图

在博物馆片区，部分建筑应用了当地竹材，体现了竹元素的特色(图 4-60)。在竹里商街，运用竹做街道的造景，突出竹街巷的风情(图 4-61)。在竹子博览园中，呈现出竹构造物、茶室和竹印象水舞台，很好融入整体氛围中(图 4-62～图 4-66)。规划实施后场地现状如图 4-67 所示。

图 4-60 博物馆片区效果图

图 4-61 竹里商街效果图

图 4-62 竹子博览园品茶亭效果图

图 4-63　竹子博览园竹径茶语效果图

图 4-64　竹子博览园竹印象水舞台效果图

图 4-65　竹子博览园竹屿琴音效果图

图 4-66　竹子博览园小隐山道效果图

图 4-67　竹文化生态公园现场照片

(3)邛崃竹文化生态产业园景观规划

项目时间。2021 年 4 月。

项目概况。根据邛崃竹文化生态产业园的发展定位及建设目标，将其划分为五大功能区和四大主题风景线(图 4-68)。

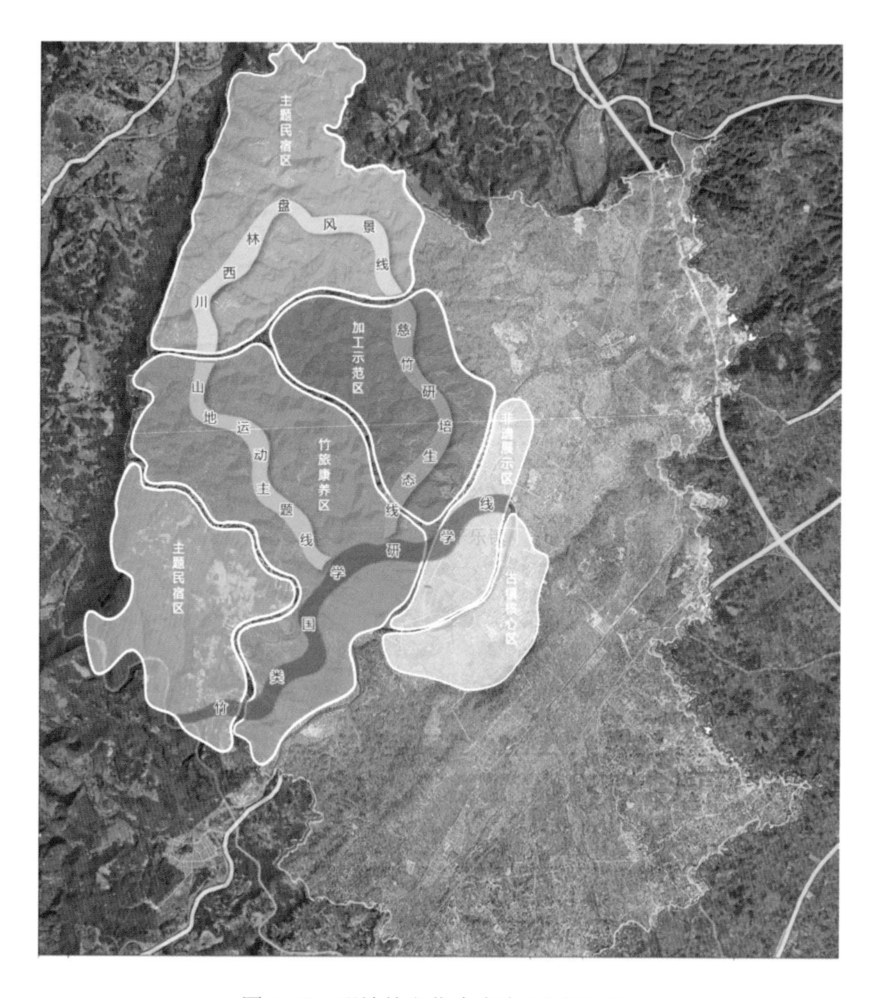

图 4-68　邛崃竹文化生态产业园平面图

在五大功能区中的古镇核心区，依托平乐古镇悠久的历史、深厚的底蕴以及丰富的旅游资源，结合民物殷阜、人杰地灵、风物形胜的古镇形象，深入挖掘天府文化、邛崃文化和竹文化，打造出世界唯一以竹消费为主题的古镇。另外，深化竹文化与平乐历史、传统民俗融合，启动传统竹艺特色街区建设，传承发展瓷胎竹编、竹麻号子等非物质文化遗产，开展竹编体验、竹文化主题摄影、竹艺交流等主要消费活动，辅以私奔码头、孔明灯、民谣音乐等其他文化产业，做强平乐创意竹产业品牌，争创省级示范竹林小镇(图 4-69)。

图 4-69 古镇核心区意向图

在五大功能区中的非遗展示区，构建非遗文化和数字技术融合的发展新格局，采用较为成熟的数字动画技术，对非遗文化进行再现、恢复和解读，通过展示视频、图片、动画等实现非遗文化的可视化。将非遗文化与数字技术相结合，可以打造出生动、立体的视觉效果，通过立体动画展示古法造纸技艺、灵动的南丝路文化图像以及“活”起来的瓷胎竹编等，有利于非遗文化的可持续发展。同时，抓住共享经济时代的机遇，将科技与非遗进行结合，搭建非遗传承研习空间。以科学技术为指导，制作可以供智能设备下载的共享系统，学习者通过虚拟现实技术跟随传承艺人学习非遗技术、知识，并进行互动交流，真正实现文化全民共享，让竹编技艺“走得远”。同时将此类技术广泛应用于相关竹类的传统手工艺制作场景中，并与沉浸式体验相结合，通过手工艺作坊的还原，完成技艺的传播(图 4-70)。

图 4-70 非遗展示区意向图

在五大功能区中的主题民宿区有以下几种：①以竹编竹材为元素，打造特色的竹编主题民宿集群。以简约自然的风格，将非遗文化瓷胎竹编、传统手工艺竹编与基于现代科学技术的竹装饰材料结合，再以观赏竹来辅助设计，将竹生态最大限度地应用于民宿打造之中。呼吁更多人关注邛崃瓷胎竹编技艺，继承与发扬传统技艺，最终带动邛崃平乐竹文化旅游产业建设，推动平乐乡村振兴和邛崃市旅游产业的升级。②利用当地丰富的慈竹资源，打造特色的竹家具主题民宿集群。通过多种竹结构设计以及将原竹、竹片进行各种造型设计和竹丝编织团的方式，将大量竹材运用于建筑，游客坐于竹屋之中，品花楸贡茶，依山傍水，惬意优雅，营造一种隐于尘世之外之感。竹材家具与民宿的碰撞让游客更好地感受当地风土，在悦目赏心的视觉感官中实现身体的舒适，领略竹文化带来的空灵之美。③依托平乐音乐丝路小镇的形象名片，打造特色的竹音乐主题民宿集群。打造具有音乐思想内涵的个性化民宿，使环境、竹音乐和民宿三者有机结合，提升游客的体验感和参与感。通过将民宿室内布置及主题设置为竹音乐元素的方式，植入竹构乐器、声音设施互动装置，重现中国风音乐元素，从而打造集拍摄、灵感演绎空间、交流体验于一体的听觉享受空间。④依托万亩竹海资源，打造特色的竹景观民宿集群。竹景观民宿集群背靠竹山茶园，设计用竹、木、石等元素，打造美丽怡人的天府生态乡园居所。采用意象取名的手法将民宿的意境美浓缩概括，使人们望其名而知其意，住在其中推窗即为竹林，合窗即为竹居，完善配套设施，设置接待台、景观餐厅、花园、景观水池、蔬菜果园、户外用餐烧烤台、小木屋茶园、山野竹林茶园以及山顶观景平台等(图 4-71)。

图 4-71 主题民宿区意向图

在五大功能区中的竹旅康养区，形成 3 个旅游品牌："生态平乐、竹文化之旅""康养医疗基地、康复养生天堂""芦沟山地健身"。打造以医疗美容、康复护理、保健运动为主的医疗康复基地；打造以森林康疗、运动器械、竹医疗、精品民宿为主的竹康养基地；建立以露营地、低空运动、户外运动为主的山地健身基地。结合造纸遗址、药王文化等资源，实践零碳环保试验区，造精新智造，实施精品服务和产业体系(图 4-72)。

图 4-72　竹旅康养区意向图

在五大功能区中的加工示范区，建设慈竹培育加工区和竹制品深加工示范区。充分利用现有竹林资源和区位优势，选择有市场潜力、带动能力强、经营理念新、技术水平高的龙头企业，进一步加强招商引资，积极引进竹制品加工企业，发展精深加工，增加竹产品附加值，积极引导竹产品加工企业到村、到户设立初加工基地，培育加工专业户，加快竹产业项目发展(图 4-73)。

图 4-73　加工示范区意向图

在四大主题风景线中，山地运动主题线持续推广“丝路首镇、户外天堂”，围绕川西竹海景区核心展开，辅以马拉松跑道、天府绿道、翠竹长廊、自行车高速道、乡村公路和驿站等道路，通过完善运动游线和基础服务设施，将山地旅游发展成示范性产业(图 4-74)。

图 4-74　山地运动主题风景线意向图

在四大主题风景线中，竹类国学研学线依托非物质文化展示区展开，具体打造“竹魂缱绻报平安”“风过有声留竹韵”“儿童竹马笑谈新”三个主要场景，建成培训中心，培训和引进相关竹编人才(图 4-75)。

图 4-75　竹类国学研究线意向图

在四大主题风景线中，慈竹研配生态线环绕芦沟竹海大环线展开，开展慈竹种质资源、种植技术创新研究，生产慈竹初级产品，提供林竹生产管理技术；开展丰产培育技术研究示范、引进试验慈竹新品种、优良树竹品种选育推广，为促进林竹产业发展提供技术支撑。充分发挥平乐的资源优势和大专院校、科研院所的教学科研优势，建立产学研结合的创新体系，加速科技成果转化，达到出成果、出效益、出人才的目的(图 4-76)。

图 4-76　慈竹研配生态线意向图

在四大主题风景线中，川西林盘风景线以花楸山风景区的主题民宿集群为核心展开，以观茶文化走廊、赏“天下第一圃”壮观、访“川西最大古民居群”李家大院古宅、体验民俗为主，结合花楸贡茶、万亩竹海、十里长廊等景点，依托李家大院为代表的清代古民居群以及零星散落于竹林深处的川西民居，构成一幅富有浓郁乡土特色的“天府美学生活桃源”。游客在此体验躬耕田垄、辛勤劳作的乡村生活，沉浸于恬静、惬意的农家生活，打造现代都市人返璞归真、感悟田园的最佳胜地，颐养身心、休闲度假的世外桃源。(图 4-77)。

图 4-77　川西林盘风景线意向图

(4) 长宁竹都公园改造提升景观设计

项目时间。2017 年 3 月。

项目概况。项目处于老城组团中心位置，占地面积约 24200m^2。设计对项目内三座山头景观进行升级改造，提升公园的整体景观及完善相关配套设计(图 4-78)。

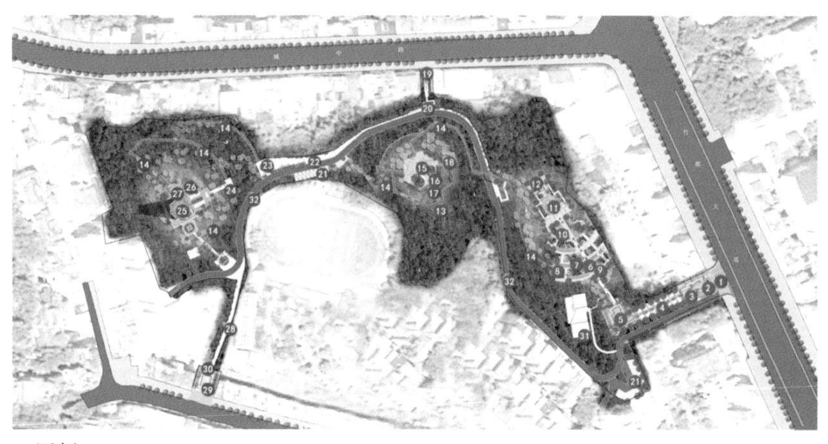

图例

1、主入口广场	9、竹诗歌墙	17、健康文化墙	25、洪谟楼
2、“竹”标志墙	10、休闲草坪	18、生态厕所	26、“菁斋说”文化墙
3、竹韵广场	11、“三友”广场	19、城中路次入口广场	27、“周洪谟”雕塑
4、迎宾大台阶	12、抱竹亭	20、景观梯步	28、银杏台阶
5、竹风广场	13、景观平台	21、生态停车场	29、青年路次入口广场
6、竹文化诗歌大道	14、登山休闲健步步道	22、休闲广场	30、文化标识墙
7、竹间亭	15、休闲健身广场	23、观赏景观树	31、休闲茶楼（保留建筑）
8、百竹园	16、休闲景观廊	24、休闲观景平台	32、消防车行道

图 4-78　长宁竹都公园总平面图

以汉字“竹”的形态进行抽象艺术处理，形成公园特有的竹文化标识墙(图 4-75)。主入口竹诗歌文化以先秦时期《诗经》为载体，通过景墙形式进行体现(图 4-79、图 4-81)。

图 4-79　主入口“竹”标志物效果图

图 4-80　主入口竹诗歌文化墙效果图

图 4-81　竹风诗歌广场效果图

以大唐时期竹诗歌文化为主要表现内容，打造不同造型的竹材质景墙，为竹诗歌体验的重点区域(图 4-82)。规划实施后场地现状如图 4-83 所示。

图 4-82　竹诗歌文化墙效果图

图 4-83　竹都公园现场照片

(5)竹海镇规划

项目时间。2017 年 3 月。

项目情况。竹海镇作为国家级风景名胜区蜀南竹海的中心城镇和全省首批唯一一个以生态旅游命名的试点镇，因茂密的竹林、竹波荡漾、连片成海而得名竹海，也被世人美誉为“川南碧玉”。2019 年，竹海镇实现地区生产总值 16.05 亿元，其中从事竹工艺行业的户数已达到 600 余户，占居民总户数的 6.89%。通过整合专项扶贫资金和招商引资等多种方式，投资建设竹文化活动广场 8 个，总面积达 12000m^2，其中包括多功能文化活动室、竹文化长廊、图书阅览室等，进一步丰富了群众的文化生活。2020 年 10 月第四届四川村长论坛暨村社发展大会在竹海镇永江村顺利召开。通过全方位打造、多渠道推广，蜀南竹海被授牌为中国文学创作采风基地和中国电视艺术交流协会影视创作基地(图 4-84)。

图 4-84　活动现场照片

第 5 章　竹林风景线的认定、评价体系

5.1　竹林风景线认定体系

5.1.1　指导思想

由《四川省林业和草原局关于 2020 年进一步推进竹林风景线建设的意见》(川林发〔2020〕2 号)、《中共四川省委农村工作领导小组办公室四川省林业和草原局关于印发<四川省现代竹产业园区认定管理办法>和<四川省竹产业高质量发展县和竹林小镇认定管理办法>的通知》(川农领办〔2020〕28 号)、《四川省林业和草原局关于印发<四川省翠竹长廊等认定管理办法>的通知》(川林发〔2020〕45 号)、《四川省林业和草原局办公室关于印发 2021 年林竹产业发展和竹林风景线建设重点任务清单的通知》(川林办〔2021〕11 号)等文件可知，按照“优质高效、支撑有力”的原则，翠竹长廊(竹林大道)、现代竹产业基地、竹林康养基地、竹林人家、竹林小镇、竹特色村、竹林景区、城镇竹园林等都是竹林风景线的有机构成。

在认定中，翠竹长廊(竹林大道)、现代竹产业基地、竹林康养基地、竹林人家、竹林小镇、竹特色村、竹林景区以及城镇竹园林的分值均为 100 分。根据实际情况和评价内容，各指标按好、一般、差三个档次给分。凡评价为好的，按指标分值的 100%给分；评价为一般的，按比例或指标分值的 60%给分；评价为差的，相应指标得 0 分。各指标得分之和即为合计得分。

5.1.2　指标构建与筛选

依据既有相关认定标准，对竹林风景线的八个分类分别进行认定(附表一～附表八)，进一步形成竹林风景线的认定体系(表 5-1)，总结如下。

表 5-1　竹林风景线认定评分表

一级指标	二级指标	三级指标	认定内容	分值
基本条件(84 分)	竹林风景线(多选)	翠竹长廊(竹林大道)	注重资源培育、基础设施、宣传教育、常态管护等方面。一般不少于 2 条	8
		现代竹产业基地	注重基地规模、基础设施、科技推广、绿色生产、质量安全等方面。一般 3 个以上	8
		竹林康养基地	注重基地建设、康养设施、配套设施、环境保护、经营管理、服务质量等方面	8

续表

一级指标	二级指标	三级指标	认定内容	分值
基本条件（84分）	竹林风景线（多选）	竹林人家	注重经营服务场地、生态环境保护、接待服务设施、经营管理、服务质量等方面	8
		竹林小镇	注重资源培育、基础设施、村容村貌、竹资源开发利用等方面。一般不少于1个	8
		竹特色村	注重竹农富、竹业强、竹村美、文化兴、设施全、机制适等方面	8
		竹林景区	注重资源价值、环境质量、管理状况等方面	8
		城镇竹园林	注重绿化占比、基础设施、总体设计、常态维护等方面	8
	支持政策	—	政府制定推进工作方案，出台基础设施、基地建设、产品加工、三产融合、品牌培育等方面的扶持政策，落实财政资金和引导金融、民间资本参与竹产业和竹林风景线建设	10
	竹业总产值	—	县（市、区）域内竹产业总产值达到10亿元以上	10
加分条件（16分）	竹林资源丰富	—	县（市、区）域内竹林面积达到100万亩以上，且竹种类型丰富	6
	产量产能高	—	如县（市、区）域内竹材制浆产能达到20万吨以上等	5
	旅游康养好	—	县（市、区）内竹景区（点）面积达到50万亩以上且省级竹林人家5家以上、省级竹林康养基地2处以上	5

1. 翠竹长廊（竹林大道）

根据《四川省林业和草原局关于印发〈四川省翠竹长廊等认定管理办法〉的通知》（川林发〔2020〕45号），翠竹长廊（竹林大道）认定指标包括资源培育、基础设施、宣传教育、常态管护4个一级指标，共设10个二级指标、18个三级指标，主要体现出翠竹长廊（竹林大道）的通道特性（表5-2）。

表5-2 翠竹长廊（竹林大道）认定指标

一级指标	二级指标	三级指标
资源培育（50分）	基本规模	长度
		宽度
	竹林质量	保存率
		生长情况
基础设施（30分）	公共设施	类型一：游步道
		类型二：游船码头
	便民设施	通信设施
		公共厕所
		垃圾桶
		停车场
		便民铺
	安全设施	电子监控
		安全护栏
宣传教育（10分）	长廊宣传	长廊介绍
	竹种介绍	竹种标志

续表

一级指标	二级指标	三级指标
常态管护(10 分)	竹林管理	建立护竹讲解员制度
	环卫管理	建立保洁制度
	安保管理	建立巡逻制度

2. 现代竹产业基地

根据《四川省林业和草原局关于印发〈四川省翠竹长廊等认定管理办法〉的通知》(川林发〔2020〕45 号)、《四川省林业和草原局办公室关于印发 2021 年林竹产业发展和竹林风景线建设重点任务清单的通知》(川林办〔2021〕11 号),现代竹产业基地认定指标包括基地规模、基础设施、科技推广、绿色生产、质量安全 5 个一级指标,共设 11 个二级指标、23 个三级指标,主要体现出现代竹产业基地的条件及其相关设施的建设(表 5-3)。

表 5-3　现代竹产业基地认定指标

一级指标	二级指标	三级指标
基地规模(30 分)	示范林面积	类型一:山区县
		类型二:丘区及平原县
基础设施(20 分)	道路建设	路网密度
	灌溉设施	蓄水池
	森保设施	有害生物监测及防治设施
		林火监测及防火设施
	宣传标牌	路边宣传牌
科技推广(40 分)	良种推广	良种化率
	现代实用技术	定向培育
		立竹密度调整
		测土配方施肥率
		竹林复壮
		病虫害生物防治率
		机械化率
		竹下生态种养覆盖率
		保温保墒技术覆盖率
		产品初加工率
	示范标牌	技术标牌
	技术推广	技术培训覆盖率
绿色生产(6 分)	环境保护	面源污染
		水源污染
		空气污染
质量安全(4 分)	产品质量	质量安全事故发生情况

3. 竹林康养基地

根据《四川省林业和草原局关于印发〈四川省翠竹长廊等认定管理办法〉的通知》（川林发〔2020〕45 号）、《四川省林业和草原局办公室关于印发 2021 年林竹产业发展和竹林风景线建设重点任务清单的通知》（川林办〔2021〕11 号），竹林康养基地认定指标包括基地建设、康养设施、配套设施、环境保护、经营管理、服务质量 6 个一级指标，共设 28 个二级指标，主要体现出康养基地的基本情况及其康养设施的建设(表 5-4)。

表 5-4 竹林康养基地认定指标

一级指标	二级指标
基地建设(22 分)	占地面积
	森林覆盖率
	康养林质量
康养设施(24 分)	接待设施面积
	餐饮设施面积
	住宿设施
	康养步道
	观景设施
	医卫保健机构
	康养服务
	宣教展示中心
配套设施(28 分)	道路建设
	安全设施
	森保设施
	宣传标牌
	通信网络
	会议室
	便民设施
环境保护(12 分)	空气质量
	饮水质量
	污染治理
	设备设施安装
经营管理(6 分)	合法经营
	食品安全
	消防安全
服务质量(8 分)	从业人员业务素质
	规范服务
	诚信经营

4. 竹林人家

根据《四川省林业和草原局关于印发〈四川省翠竹长廊等认定管理办法〉的通知》(川林发〔2020〕45 号)、《四川省林业和草原局办公室关于印发 2021 年林竹产业发展和竹林风景线建设重点任务清单的通知》(川林办〔2021〕11 号)，竹林康养基地认定指标包括经营服务场地、生态环境保护、接待服务设施、经营管理、服务质量 5 个一级指标，共设 20 个二级指标、23 个三级指标，主要体现出竹林人家经营管理配套设施的建设(表 5-5)。

表 5-5 竹林人家认定指标

一级指标	二级指标	三级指标
经营服务场地(18 分)	规模	经营管理面积
	绿化美化	绿化率
生态环境保护(14 分)	空气	空气质量
	噪声	噪声污染
	饮水	饮水质量
	治污	污水排放
	油烟排放	油烟污染
	垃圾处理	分类收集清运
	设备设施安装	通信、消防等设备安装
接待服务设施(33 分)	房屋面积	接待设施面积
	餐厅	餐厅面积
		餐厅雅间数
	会议室	会议设施
	客房	客房数量
		客房卫生间
	卫生间	公共卫生间
经营管理(15 分)	合法经营	办理相关证照
	食品安全	制定和落实食品卫生管理制度
	消防安全	制定和落实消防、安全管理制度
服务质量(20 分)	从业人员	业务素质
	服务机制	岗位责任制
	服务标准	诚信经营
		规范服务

5. 竹林小镇

依据《四川省林业和草原局关于 2020 年进一步推进竹林风景线建设的意见》(川林发〔2020〕2 号)、《中共四川省委农村工作领导小组办公室四川省林业和草原局关于印发<四川省现代竹产业园区认定管理办法>和<四川省竹产业高质量发展县和竹林小镇认定管

理办法>的通知》(川农领办〔2020〕28 号)、《四川省林业和草原局办公室关于印发 2021 年林竹产业发展和竹林风景线建设重点任务清单的通知》(川林办〔2021〕11 号)等文件，竹林小镇认定指标包括资源培育、基础设施、村容村貌、竹资源开发利用 4 个一级指标，共设 11 个二级指标、15 个三级指标，主要体现出竹林小镇的基础条件及其相关产业设施的建设(表 5-6)。

表 5-6 竹林小镇认定指标

一级指标	二级指标	三级指标
资源培育(30 分)	森林面积	森林覆盖率
	资源保护	森林管护率
基础设施(20 分)	交通设施	道路网络
	科教设施	教育基地
		科普宣传覆盖率
	森保设施	林业有害生物监测及防治设施
		森林火灾监测及防火设施
	环保设施	垃圾分类收集清运率
		污水处理率
村容村貌(10 分)	环境风貌	竹区整洁率
		集镇村庄整洁率
竹资源开发利用(40 分)	竹加工	就地转化率
	竹旅游康养开发	接待人次
	竹文化展示	场次
	竹业效益	竹业收入占全年总收入的比重

6. 竹特色村

参考《宜宾市竹产业办公室关于印发〈宜宾市竹生态旅游特色镇、村考评办法〉及评定标准(试行)的通知》，构建竹林景区的认定体系，主要包括竹农富、竹业强、竹村美、文化兴、设施全、机制活 6 个指标(表 5-7)。

表 5-7 竹特色村认定指标

指标项目	指标内容
竹农富(20 分)	竹特色村经济收入
竹业强(20 分)	竹特色村产业发展
竹村美(20 分)	竹特色新村
文化兴(20 分)	竹特色村文化建设
设施全(10 分)	特色村基础设施和公共设施配套齐全
机制活(10 分)	特色村社会治理完善灵活

7. 竹林景区

参考《四川省省级风景名胜区设立审查办法》、《旅游景区质量等级的划分与评定》(GB/T 17775—2003)、《风景名胜区管理通用标准》(GB/T 34335—2017)，构建竹林景区的认定体系，主要包括资源价值、环境质量、管理状况 3 个一级指标，共设 14 个二级指标(表 5-8)。

表 5-8 竹林景区认定指标

一级指标	二级指标
资源价值(70 分)	典型性
	稀有性
	丰富性
	完整性
	科学文化价值
	游憩价值
	竹林景区面积
环境质量(15 分)	植被覆盖率
	环境污染程度
	环境适宜性
管理状况(15 分)	机构设置与人员配备
	边界划定和与相关权益人协商
	基础工作
	管理条件

8. 城镇竹园林

根据《公园设计规范》(GB 51192—2016)与《城市绿地分类标准》(CJJ/T 85—2017)对城镇竹园林中的类型进行划分。参考以上两个标准，城镇竹园林认定包括绿化占比、基础设施、总体设计、常态管护 4 个指标(表 5-9)。

表 5-9 城镇竹园林认定指标

指标项目	指标内容
绿化占比(25 分)	公园、游园类绿化占地比例应大于或等于 65%；广场类绿化占地比例应大于或等于 35%
基础设施(25 分)	包括休息、厕所、清洁与安全设施
总体设计(25 分)	包括植物布局、游憩坡度、水体外缘、建筑物与构筑物
常态管护(25 分)	古树名木保护规范

5.2 竹林风景线评价体系

5.2.1 指导思想

以《四川省林业和草原局<四川省竹产业高质量发展示范县等申报认定办法(试行)>的通知》(川林发〔2019〕32 号)、《四川省林业和草原局办公室关于开展“成渝地区双城经济圈”首届“最美竹林风景”公众评选活动的通知》等文件中有关风景线建设的内容为参考，基于以下四个基本思想，提出竹林风景线八大构建形式评价体系。

(1)绿水青山的生态文明思想。既要全面加强竹林风景线生态环境保护与建设，又要以建设绿色、人文、和谐的风景线为目标。

(2)以人为本的发展和服务思想。注重竹林风景线的三产融合发展，尊重人的主体地位，发挥人的首创精神，根据游客的价值取向、消费需求适当地发展业态，以此在一定程度上提升旅游业的整体消费水平。基于以人为本的发展和服务理念，可通过大力宣传促销吸引人、打造精品项目留住人、健全市场功能服务人等方式充分体现。

(3)科学合理的可持续思想。根据已有不同类型和属性的竹林资源，在其承载力和环境容量限度之内，协调资源开发、保护与人类需求的关系，进行科学、合理的风景线规划，开发与保护好已有竹区、竹道资源，不损害当地或者其他居民的利益，保证后代人能公平享用竹林风景线资源，同时满足后代人游赏和发展旅游业的需求。

(4)全要素统筹发展的建设思想。围绕全域统筹规划，全域资源整合，全要素调动，全社会共治共管、共建共享的目标，创新规划理念，摒弃单一要素的风景线建设发展，点、线、面三者结合，合理开发利用现有资源，把资源变为发展亮点。

5.2.2 指标构建与筛选

以竹林风景线的认定体系为依据，在评价中也将竹林风景线划分为翠竹长廊(竹林大道)、现代竹产业基地、竹林康养基地、竹林人家、竹林小镇、竹特色村、竹林景区、城镇竹园林八大类。根据八类构建形式相应的特征、特点，本着科学的态度和以往经验，共发放问卷 30 份，邀请相关专家、学者进行指标权重判断。预选指标问卷采用利克特评分法，共分为 7 个等级，对竹林风景线评价因子进行评判，评分采用匿名制进行，在评分开始前向打分专家阐述本次构建的对象以及特点，问卷填写不超过 30 分钟，1～7 分分别代表“非常重要”“很重要”“重要”“一般”“不重要”“很不重要”“非常不重要”，最后将收集的意见统计表录入电子表格进行整理以进行白化函数构建，计算灰类决策向量进行取舍。

其中，设 $f_x(ij)$ 为第 j 个评价指标，其重要性程度为 i 的白化函数值；k 为灰类数，k=1，2，3；d_{ij} 为第 j 个评价指标，其重要性程度为 i 的分值。$f_x(ij)$ 对应的高、中、低计算公式如图 5-1 所示。

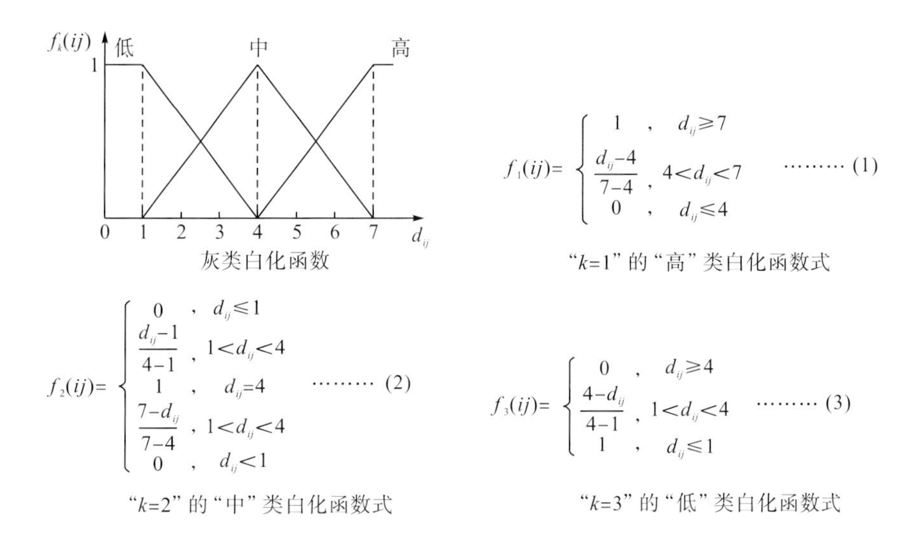

图 5-1 灰类白化函数及计算式

再根据各类白化函数公式，分别计算出对应的白化函数值(表 5-10)。

表 5-10 对应白化函数计算值

白化函数	分值						
	7	6	5	4	3	2	1
$f_1(ij)$	1	2/3	1/3	0	0	0	0
$f_2(ij)$	0	1/3	2/3	1	2/3	1/3	0
$f_3(ij)$	0	0	0	0	1/3	2/3	1

基于以上对应白化函数计算值，得到每个指标的决策向量，其中灰类决策系数 $\eta_k(ij)=n(ij)f_x(ij)$。其中 $\eta_k(j)$ 为第 j 影响因素属于第 k 个灰类的决策系数，$n(ij)$ 为评价第 j 个影响因素及其重要程度为 i 的专家数。最后的决策向量由三个灰类决策系数$\{\eta_3(j)$，$\eta_2(j)$，$\eta_1(j)\}$构成，分别代表“低”“中”“高”三种含义，最后选取“高”含义指标构建出八类竹林风景线评价体系的基本指标。

1. 翠竹长廊(竹林大道)

翠竹长廊是以充分发挥竹林生态康养效益为主，突出生态性、景观性、人文性、康养性的竹林大道。其建设指标存在一定的硬性指标，其连续竹林长度不得低于 10km，两侧的竹林宽度不低于 3m，竹林大道体量较大、竹林资源较丰富且周围环境质量较高(表 5-11)。

表 5-11 翠竹长廊(竹林大道)评价指标

一级指标	二级指标
生态环境建设(22 分)	基本规模
	竹林环境
	人居环境
景观质量建设(18 分)	风景线美观度
	风貌和谐度
人文内涵建设(12 分)	标志物打造
	科普美育
康养效益建设(48 分)	质量指标
	环境指标
	四感体验度

2. 现代竹产业基地

现代竹产业基地是以竹产业发展为主的竹林富民线，评价指标包括基本规模、基础设施建设、科技示范建设、生态环境建设与产品质量安全 5 个一级指标。在做好竹资源培育的基础上，合理规划不同竹功能分区，形成集中连片、集约高效的现代竹产业基地(表 5-12)。

表 5-12 现代竹产业基地评价指标

一级指标	二级指标
基本规模(30 分)	示范林面积
基础设施建设(20 分)	道路建设
	灌溉设施
	森林保护设施
	服务设施
科技示范建设(30 分)	现代技术应用
	示范标牌
	技术推广
生态环境建设(14 分)	环境保护
	周围环境
产品质量安全(6 分)	产品质量

3. 竹林康养基地

充分发挥竹林康养效益，结合大健康背景对具备康养功能的连片竹林进行康养设施打造与环境提升建设。依托竹海森林、山地等优质自然资源与生态基底，在森林疗养与生态旅游基础上，精准分析消费者需求，在连片竹林 1 万亩以上的优质林域打造基础设施完善、各环境指标达到康体环境要求、生态环境得到保护的以三产为主的竹林基地(表 5-13)。

表 5-13　竹林康养基地评价指标

一级指标	二级指标
基本规模(20 分)	自然、人文康养设施面积
基础设施建设(20 分)	道路建设
	服务设施建设
康养设施与环境建设(30 分)	康体设施
	康体环境建设
生态环境建设(30 分)	环境保护
	周围环境

4. 竹林人家

竹林人家打造是推进竹林品牌建设，依托竹林风景线促进当地居民就业增收的拳头示范项目。打造要求突出竹类主题，在整合现有资源的前提下凸显竹核心文化、竹特色餐饮、竹深度体验的竹产业培育风景线。其评价指标包括基础服务建设、生态环境建设、经营管理和服务质量建设 4 个一级指标(表 5-14)。

表 5-14　竹林人家评价指标

一级指标	二级指标
基础服务建设(40 分)	森林面积
	资源保护
	接待服务
	餐厅
	会议室
	客房
	卫生间
生态环境建设(20 分)	空气
	噪声
	饮水
	治污
	垃圾处理
	设备设施安装
经营管理(20 分)	合法经营
	食品安全
	消防安全
服务质量建设(20 分)	从业人员
	服务机制
	服务标准

5. 竹林小镇

竹林小镇注重竹资源开发与综合利用，打造类型主要有两类：一是竹类加工就地转化率，二是竹旅游康养。评价指标包括竹资源培育保护、基础设施建设、村容村貌建设、竹资源开发利用4个一级指标。打造竹林小镇是巩固竹林面积、提升竹林质量的有效手段。通过竹林小镇带串联线、线连成片、聚片成带，，与其他竹林风景线类型共同串成美丽富民线(表5-15)。

表5-15 竹林小镇评价指标

一级指标	二级指标
竹资源培育保护(30分)	森林面积
	资源保护
基础设施建设(20分)	交通
	科教宣传设施
	森保设施
	环保设施
村容村貌建设(10分)	环境风貌建设
竹资源开发利用(40分)	加工与康养旅游开发
	竹文化展示
	竹业效益度

6. 竹特色村

竹特色村评价指标包括产业规模、综合效益、特色品牌建设、主题特色程度、政策保障、市场管理与服务6个一级指标。前两个指标主要体现为接待人次与经济效益；特色品牌建设指竹特色乡村各类资源景观化、特色化、业态新颖以增强线上营销能力，推进智慧乡村旅游发展；市场管理与服务中的游客满意率采用抽样调查方法(表5-16)。

表5-16 竹特色村评价指标

一级指标	二级指标
产业规模(12分)	接待人次
	接待总收入
综合效益(12分)	就业人数比重
	从业人数
特色品牌建设(25分)	旅游景区建设
	旅游发展项目
	特色业态授权
	专业服务网站建设
主题特色程度(14分)	国内外权威机构认证
	定期举办节事与演艺活动
	名优特色商品打造

续表

一级指标	二级指标
政策保障(13 分)	政府重视程度
	发展资金投入
	乡村旅游或农家乐协会
市场管理与服务(24 分)	健全的综合治理机制
	投诉解决率
	管理与从业人员培训
	游客满意率

7. 竹林景区

竹林景区建设注重资源本底的合理开发与综合利用，强调以生态为底色，以经济为导向，持续深化“两山”转化实践，大力发展绿色产业，构建生态美、产业优、机制活、百姓富的发展新格局，加快特色竹旅游进程。竹林景区评价指标主要包含资源价值、资源培育、环境质量、管理经营 4 个一级指标(表 5-17)。

表 5-17　竹林景区评价指标

一级指标	二级指标
资源价值(40 分)	典型性
	稀有性
	丰富度
	完整度
资源培育(20 分)	竹林景区面积
	科教文化
	游憩娱乐
环境质量(20 分)	植被覆盖率
	环境适宜性
	环境污染程度
管理经营(20 分)	管理机构
	人员配备
	运营维护
	管理评估

8. 城镇竹园林

城镇竹园林评价一级指标参考认定标准包括绿化占比、基础设施、总体设计、常态管护四方面，绿化占比评定标准根据具体绿化类型、绿带宽度有所不同；基础设施包括休息设施、厕所设施、清洁设施、安全设施 4 项二级指标；总体设计包括植物布局、游憩坡度、水体外缘、建筑物与构筑物 4 项二级指标；常态管护指古树名木保护率(表 5-18)。

表 5-18　城镇竹园林评价指标

一级指标	二级指标
绿化占比(40 分)	绿化占地比例
基础设施(30 分)	休息设施
	厕所设施
	清洁设施
	安全设施
总体设计(20 分)	植物布局
	游憩坡度
	水体外缘
	建筑物与构筑物
常态管护(10 分)	古树名木保护率

第 6 章　竹林风景线的效益分析

6.1　生 态 效 益

6.1.1　涵养水源效益

竹林风景线的涵养水源功能一般是指所构风景线中竹林对降水进行截留、吸收和储存，将地表水转化为地表径流或者地下水的作用。与一般竹林功能相似，竹林风景线的涵养水源功能主要表现在净化水质、调节小区域径流和增加可利用水资源三个方面，且竹林风景线的涵养水源功能与竹种、竹间距种植等相关。

由于竹林风景线物种多为线性的竹林整体，其生物多样性与较为复杂的群落结构对大气降水的重新分配和有效调节起着关键性作用。在涵养水源方面，竹林风景线主要通过林冠截留降水、枯落物持水、土壤入渗和保持水分实现对降水进行再分配和净化，其中反映涵养水源能力的指标包含树冠截流、枯枝落叶层截持水、土壤对水分的调节。

竹林风景线涵养水源效益分析可以采用计算年调节水量的方法。

森林生态系统年调节水量采用以下公式：

$$G_{调}=10A(P-EC)$$

式中，$G_{调}$为林分年调节水量，m^3/a；P 为林外降水量，mm/a；E 为林分散热量；C 为地表径流量，mm/a；A 为林分面积，hm^2。

竹林风景线由不同的竹种构成，不同竹种的蓄水能力是不同的，有研究表明，林地水源涵养能力依次为毛竹材用林>杂竹林(刚竹、淡竹)>早竹林>毛竹笋用林[33]，不同封育年限对毛竹林凋落物层和土壤层持水性能的影响各异[34]。因此在竹林风景线构建中，应根据功能侧重不同，对竹种进行基础涵水调研、栽培以达到理想的保水保土作用。

6.1.2　固土保肥效益

竹林风景线的植被主要是由竹林、灌木草本以及藤本植物等多层次组合而成的群落生态系统。竹林风景线群落系统物种的多样性、空间结构的合理性，使得其凭借着深厚的枯枝落叶层及强大的蓄水优势，减少或避免了降水对土壤表层的直接冲击，有效地固持土体，防止土壤及土壤肥力流失。直接覆盖在地表的枯枝落叶具有截水、吸收和阻延地表径流、抑制土壤蒸发、改善土壤性质、增加降水渗入、防止土壤的侵蚀和增加土壤抗冲击力等功能，因此竹林风景线是涵蓄降水的主力军和保持土壤的重要力量。

竹林风景线固土保肥效益分析可以采用以下方法进行计算。

固土价值：利用有林地与无林地的土壤侵蚀模数差值和泥沙输移比值计算土壤的流失量，再通过清淤工程费用计算固土减淤功能价值。

$$U_{固}=AC_s(X_2-X_1)/p$$

式中，$U_{固}$为林分年固土价值，元/a；A为林分面积，hm^2；C_s为挖取和运输单位体积土方所需费用，元/m^3；X_1为有林地土壤侵蚀模数，t/(hm^2·a)；X_2为无林地土壤侵蚀模数，t/(hm^2·a)；p为林地土壤密度，t/m^3。

竹林风景线的竹种类型、不同经营措施对原生土壤侵蚀程度不同，如毛竹组成的竹林景观年平均输沙量为 0.256t/hm^2。根据浙江省水利厅资料，毛竹林每年的固土效益为 $0.160\times50\%\times3=0.24$(元/$hm^2$)，根据竹林土壤养分动态的比较研究[35]，计算其土壤养分平均值：土壤有机质含量为2.93%，全氮含量为0.8787g/kg，有效磷含量为1.901mg/kg[36]。且不同森林类型对土壤有机质状况具有很大影响，并且对中上层土壤影响较大，毛竹林能很好地促进土壤全N、全P、全K及有效性含量的不断增加，改善土壤养分状况[35]。

6.1.3 固碳释氧效益

竹林风景线不仅本身维持着大量碳库，同时也维持了巨大的土壤碳库。在空间上，随着风景线中竹种单位数量的增多，其林分郁闭程度逐渐接近饱和，林冠层位置由于处在最高处，接受的光照最多，光合速率最高，从林冠层往下至中层和底层的竹叶光合作用依次减弱[37]。大气交换物质主要是CO_2与O_2的交换，计算竹林及其他植被固定的CO_2的价值可以根据光合作用的原理，求出生产 1kg 干物质所需吸收的CO_2量，然后根据不同植被要求单位面积每年的净生长量，求出各植被类型单位面积所固定的CO_2量，再算出竹林风景线面积总的固定的CO_2量。而释氧是采用两个指标反映固碳释氧功能，分别是固碳指标和释氧指标。

植被和土壤年固碳量，计算公式为

$$G_{碳}=A(1.63R_{碳}B_{年}+F_{土壤碳})$$

式中，$G_{碳}$为年固碳量，t/a；$B_{年}$为林分净生长力，t/(hm^2·a)；$F_{土壤碳}$为单位面积林分土壤年固碳量，t/(hm^2·a)；$R_{碳}$为CO_2中的碳含量，为27.27%；A为林分面积，hm^2。

在竹林风景线建设项目中，在不同林分类型下，净增生物量各不相同，一般来说，由强到弱的排列为：竹林＞松林＞针阔混交林＞杉木林＞阔叶林＞灌木林。在不同林龄结构中，在林分一定的情况下，近熟林、成熟林、过熟林三者的固碳释氧是比较稳定的，而固碳释氧总量和单位面积竹林固碳释氧量在竹种上分别以毛竹林和麻竹林最高；在土壤类型上，固碳释氧主要来自红壤区竹林和黄色砖红壤性红壤竹林；在地形上，固碳释氧总量主要集中于海拔500～1000m、坡度25°～35°、下坡和北坡的竹林，单位面积竹林固碳释氧量分别随海拔和坡度的增加而降低[38]。因此，在竹林风景线建设时，合理管理林分密度、适当调整林分结构，种植灌木林、竹林和其他混交林是提升林分生产力和竹林风景线生态效益的重要途径。

6.1.4　物种保育效益

人类的生存离不开其他生物，繁杂多样的生物及其组合与它们的周边环境共同构成了人类赖以生存的生态系统。竹林风景线是这个系统中生物多样性丰富的区域，同时也是生物多样性生存与发展的合适场所，在整个生态环境中占据不可或缺的地位。

植物多样性是生物多样性在物种水平上的体现。从物种组成的角度研究群落的组成和结构的多样性程度，是多样性研究的基础，群落的 α 多样性是刻画植物群落组成结构的重要指标。α 多样性是指某一确定“面积”的物种多样性。范德马雷尔(Van der Maarel)将 α 多样性进一步定义为群落内的多样性。α 多样性测度主要表现在四个方面：物种丰富度指数、物种相对多度模型、物种多样性指数和物种均匀度指数。就竹种而言，毛竹纯林和竹针混交林林下草本植物物种数多于木本植物物种数，竹阔混交林林下木本植物物种数多于草本植物物种数。乔木层物种多样性显著影响林下木本植物多样性，而对草本植物多样性影响很小[39]。

在竹林风景线建设项目中，随着林分年龄的增长，林下植物种类多样性也呈现增长趋势，在建设时，可以适当引进昆虫、鸟播树种，这样不仅可以加快竹林自然演替的速度，提高生态效益，还可以提高土壤的性能和固碳吸氧的能力，从而达到提升当地群落的物种丰富度和物种多样性的目的，使可持续利用成为可能。

6.2　经 济 效 益

6.2.1　第一产业

用科技促生产，建立竹林参与式技术推广体系以及首席专家指导的竹林先进技术推广网络体系。收集、发掘四川功能性用竹乡土竹种，筛选优良无性系；利用生物技术创制功能性用竹新材料，筛选抗寒、抗压、抗倒伏性能强的新品种；研究良种快繁技术、竹林定向高效培育配套技术，并进行示范推广。开展丛生竹竹蔸消退人工促进技术，竹林生物菌肥研发、优势竹种构件理化性能及产业化开发、低产低效竹林复壮技术，竹种配置技术，“竹+菌”“竹+药”立体复合经营技术。此外，通过稻草、有机肥、砻糠等的覆盖来提高毛竹笋的产量，通过提早出笋来提高竹笋的价格，积极在竹林内发展林下经济。

6.2.2　第二产业

中国林业统计年鉴数据显示，2018 年全国竹业产值增长至 2456 亿元，其中四川省实现竹业总产值 462 亿元，较 2017 年增长 77.0%；2019 年竹业产值为 2892 亿元，四川省实现竹业总产值 605.9 亿元，较 2018 年增长 31.1%。在各省带领下，要积极加大招商引资力度，积极推进竹产品加工转化，加快构建“原料—初加工—深加工—产品销售”全产业链，提高资源利用率和附加值。

1. 竹食品精深加工与副产物高值化利用

一是竹食品精深加工。重点攻克竹笋、竹荪、竹燕窝、竹叶黄酮提取精深加工新技术及竹酒的开发与应用。二是竹废弃物资源化利用。利用竹枝开发无毒无机黏胶高强度阻燃隔热防潮装饰板材，利用竹屑开发无毒害可降解替代塑料制品的一次性餐具等产品，利用竹叶开发具有抗氧化、清除自由基等功效的竹叶黄酮保健产品，利用竹枝、竹屑开发具有保水、缓释功效的竹纤维生物菌肥产品。

2. 竹材人造板加工

经过 30 多年的创新发展，我国在竹材人造板生产与研发等方面处于世界领先水平。全国各种竹材人造板加工企业达千余家，四川是主要生产地之一，2015 年位居全国产量首位。竹材人造板产品达数十种，主要产品有竹重组材、竹集成材、竹展平板、竹木复合集装箱底板、竹编胶合板、竹材胶合板、竹材层压板、竹席竹帘胶合板、竹材纤维板和竹材刨花板等。“十三五”期间，我国围绕竹材单元高效加工、过程优化重组、剩余物增值利用三个方面开展创新研究，开发出圆竹机器人截断开片、无刻痕竹展平、竹条连续化加工、竹束帚化、整张化等竹材初加工先进技术与装备；通过竹质重组与集成材料连续化高效加工设备的研发大幅提升竹材人造板加工产业的机械化、自动化水平。根据中国林业和草原年鉴统计的相关数据显示，我国大径竹产量连续 2 年突破 30 亿根，2019 年达到 31.5 亿根；而在同年，我国小杂竹产量达到 7018 万吨，同比增长 221.1%，其中户外重组竹、家具用竹集成材、竹木复合集装箱底板、竹展平地板、砧板和家具系列装饰材发展迅猛。

3. 竹浆造纸业发展

竹浆纸是单独利用竹浆或与木浆、草浆合理配比，通过蒸煮漂洗等造纸工序生产出的纸。中国竹资源丰富，生产竹浆具有成本低廉的优势，能够缓解我国造纸原料短缺的问题。据统计，2018 年国内非木浆产量为 610 万吨，其中竹浆产量为 191 万吨，较 2017 年提高 15.8%，占整体非木浆产量的 31.3%。2018 年全国纸浆消耗总量为 9387 万吨，其中非木浆消耗 610 万吨，占纸浆消耗总量的 6.5%，同比增长 2.18%。截至 2020 年我国造纸业营业收入达 13012.7 亿元，同比下降 2.2%。四川、广西、贵州、重庆等地依旧是我国竹浆造纸的大省（区、市），并且仍以较快速度发展，截至 2019 年已投产的大中型竹浆企业共有 18 家，合计产能 263 万吨。其中四川占据主导位置，有 12 家，约为 160 万吨产能（表 6-1）。

表 6-1　2018～2019 年全国投产新建竹浆产能情况

	四川	贵州	重庆	广东	广西	江西
产量/万吨	160	40	20	20	15	8
占比/%	60.84	15.21	7.60	7.60	5.71	3.04

4. 竹制日用品(含竹工艺品)发展

我国竹制日用品(含竹工艺品)历史悠久，极具文化特色，种类繁多。近年来，随着人们环保意识的提高和传统工艺的不断突破，日用品领域的竹制品种类不断增多，如竹质健康家居装饰材料、吸管、餐具、厨房用具、花园产品和庭院制造等，越来越受到消费者的青睐，市场前景广阔。在竹制日用品的科研、生产和利用等方面，我国处于世界领先地位。在发展中，注重竹制日用品(竹工艺品)在平面竹编、立体竹编、有胎竹编、竹编家具、仿真竹编、竹簧及竹根雕方面的改革创新和产品换代；攻克竹工艺染色、固色技术；实现传统技艺与现代化数字技术的有机结合，实施竹工艺智能工程，如竹编与 3D 建模等高技术含量工作的融合；推进竹工艺机械装备化进程，实现生产规模突破；形成物料中央配送，加大粗加工环节的自动化程度，提高人机效率。根据 Wind 公布的数据，截至 2015 年 9 月，我国大型竹制品制造行业累计企业单位数已达 601 家，竹制品制造行业从业人员数量持续走高。从长期来看，竹制工艺品国内外的市场需求非常广阔。

5. 竹家具发展

竹家具指以原竹、竹集成材、重组竹及其他竹人造板为基材开发制作的家具用品。近年来，竹集成材、竹重组材加工工艺技术日趋完善，已经在竹家具制造方面得到越来越广泛的应用。作为一个新兴的低碳产业，竹材具备无须栽植、生长快速、材质硬度高、韧性超强等优势，是取代实木的理想家具用材，对于森林的保护作用效果明显。四川是我国竹家具的主要产区之一，同浙江、广西、重庆、湖南、福建六省(区、市)的产量之和占全国总产量的 84.06%，据统计，仅 2020 年上半年，四川省累积加工竹人造板 12 万 m^3、竹地板 17 万 m^3，竹家具 20 万套。四川省竹家具已经在国内市场树立起一批知名品牌，同时作为宜家供货商，产品销往世界各地。

6. 竹纤维及纺织品创新

随着人们环保意识的提高，竹纤维制品的研发和产业化得以快速发展，主要包括毛巾、袜子、内衣、居家服、床品、婴幼儿产品等。竹纤维具有良好的透气性、瞬间吸水性、较强的耐磨性以及易染色性，竹纤维产品则具备绿色环保、天然保健、抑菌抗菌、柔软舒适、吸湿放湿、除臭吸附等功能。

竹纤维按照制取工艺和化学成分可分为天然竹纤维(又称竹原纤维)和再生竹纤维；按照纤维形态可分为竹短纤维、竹长纤维和连续竹纤维；按照用途可分为纺织用竹纤维和复合材料用竹纤维。目前，竹纤维在纺纱、织布、非织造、无纺布等纺织行业和汽车交通、建筑板材、家居用品等复合材料领域得到开发和应用，是 21 世纪全球新兴产业发展的方向和聚焦点，拥有广阔的发展前景。

7. 竹炭加工业发展

我国竹炭产业发展大体可以划分为四个阶段：第一阶段为萌芽期(1994～2000 年)，竹炭产业从无到有；第二阶段为发展期(2001～2010 年)，竹炭产业逐渐规范、发展迅速；

第三阶段为转型期(2011～2015 年)；第四阶段为升级期(2016 年以后)，竹炭产业的生产工艺不断转型升级，产业整体实力得到质的提升。竹炭产业经过 20 多年的发展，从原来的浙江遂昌、衢州、安吉、庆元和福建建瓯、永安已逐步辐射到以江西、湖南、四川、贵州、广西、安徽等地为主的竹炭产业特色发展区域。目前开发了竹炭吸附、净化、保健、纤维、复合材料、工艺品、洗涤洁肤、竹醋液、竹沥液(鲜竹沥)9 大系列 300 多种产品。竹炭生产装备由传统砖土窑型向机械化、连续化跃升，生产企业由作坊式向规模化转型，产品向功能化深度开发，出现了专业化生产竹炭产品的企业，涵盖竹炭、竹质活性炭原材料、竹炭洗护、竹炭空气净化、竹炭水质净化、竹炭冰箱除味、竹炭装饰板、竹炭环保革、竹炭布、纳米竹炭粉和竹炭纤维等多个类目。根据智研咨询发布的《2021—2027 年中国竹炭行业市场运营格局及竞争战略分析报告》显示，2020 年我国竹炭产量为 28.38 万吨，同期进口数量为 0.01 万吨，出口数量为 2.94 万吨，2020 年我国竹炭需求量为 25.45 万吨，并且已形成了一批国内知名品牌。

6.2.3 第三产业

第三产业主要为旅游业，以四川核心宜竹区——宜宾为例，其旅游业在新时代的经济背景、社会需求、政策支持下具有广阔的发展前景。因此，应以其自身独特的优势抓好特色生态旅游开发，将绿色经济与竹资源的生态保护及修复结合起来，进一步完善基础设施，优化景区景点布局，扩展多重服务项目，形成独具特色的多元化、高品位、可持续的竹林景区开发新格局，运用乡村振兴的核心思想统筹山水(竹)林田湖草系统、改善人居环境，建立新产业新业态，辐射带动周边区域的生态文明建设。同时，随着物联网技术与大数据的进步与应用，将新技术与传统竹林景区资源结合，带动景区提档升级及乡村振兴蓬勃发展。

6.3 康养效益

6.3.1 环境生态保健功能

1. 光环境

在竹林生态系统管理和育林方面的研究已经证明，竹林环境中测量照度和亮度是有意义的，尤其是在研究光环境的时候，照度最为适用。在光线环境下，竹叶对阳光过滤可以对人体形成很好的舒适感，因此要想了解竹林环境中的光环境，并了解竹林环境中舒适感对人体生理的影响，在不同时间段测试竹林环境中光照的波动特征，对于了解照明光环境的特性和研究竹林环境中的光环境是非常必要的。有学者通过研究竹林环境气候评价与环境变量得到受试者对环境气候评价与绝对照度均呈显著或极显著负相关关系，即光照的绝对照度越高，受试者对竹林环境评价越低[40]。

测量项目：绝对照度(lx)。

使用设备：数字光度计。

2. 小气候环境

小气候环境与人体皮肤感觉相关。竹林风景线所构建的竹林小环境有使天气变得温和的功能。人们喜欢在夏季到竹林环境中避暑并进行休闲游憩。因此测量竹林小环境中的小气候环境是为了研究竹林环境中的舒适性，主要包括空气温度、相对湿度、风速的测量。研究竹林环境中的小气候环境，不仅可以监测竹林的生长环境，也可以监测竹林环境舒适度对人体生理的影响。有学者采用温度、湿度及综合舒适度指标对竹林公园林内和林缘的舒适度进行对比[41]，结果显示林内舒适度更高；还有学者通过探究冬季竹林内外小气候，得到林内、外环境均为“不舒适”[42]；与林外空地相比，竹杉混交林、毛竹纯林、竹杉混交林均具有显著改善小气候的功能[43]。

测量项目：温度(℃)、相对湿度(%)、风速(m/s)。

使用设备：风速计。

3. 声环境

声环境是影响森林健康效益的有效因素，对森林健康发挥着重要的作用。影响声环境的因素种类繁多，要客观了解它们也十分困难。竹林风景线中的声环境是不同的，可能包含动物的叫声、流动的水声、行驶的车鸣声、风声、人声等，但本质上竹林风景线内的环境是安静的。声景与声环境是空间环境的基本元素，对人的心理、生理、认知和行为等方面有影响[44]。研究发现竹林能够凸显鸟鸣声和流水声，其中鸟鸣声具有最佳的提升愉悦情绪和安静感受的效果，流水声属于大自然接近白噪声的一种，处于一个相对均匀的频率，对睡眠质量、情绪均有一定程度的改善作用[45]。

测量项目：噪声水平(dB)。

使用设备：噪声计。

4. 空气负氧离子

空气负氧离子被誉为空气中的维生素，具有很强的杀菌、降尘、清洁空气的作用，对人体健康十分有益。外界条件(如电离剂的作用)使电子失去中性分子或原子变成带正电荷的电离子，而跃出的自由电子很快地附着在某些气体分子或原子上，形成空气负氧离子。空气负氧离子与人体的健康密切相关，能够改善睡眠、消除疲劳和倦怠、镇痛、提高工作效率，且对某些疾病具有预防和治疗作用。研究显示，在自然生态较好的竹林中负氧离子浓度比建筑广场高 3 倍[46]。在城市公园中典型植被空气负氧离子浓度表现为竹林>花卉区>草地>住宅区。在郊野森林中空气负氧离子浓度表现为针阔混交林>阔叶林>竹林>针叶林[47]。有研究人员在某地下建筑房间内进行了一次试验，以了解地下空间中负氧离子对人的影响，从试验结果统计得到：由于负氧离子缺乏，人员脑电波显示出 α 波减低，δ 波、θ 波升高，使用人工负氧离子可以改善这一状态，其离子浓度控制在 2400～10000 个/cm^3 范围内[48]。

测量项目：空气负氧离子浓度(%)。

使用设备：空气负氧离子检测仪。

5. 植物 BVOCs

竹类植物合成释放的 BVOCs(biogenic volatile organic compounds，生物源挥发性有机物)成分中含有杀菌抑菌以及对人体有益的萜类物质，且对稳定大气成分有重要作用。竹林风景线主要由上层竹林与下层的花灌组成，上层竹林所释放的 BVOCs 成分具有重要的保健作用。

根据研究，竹林与其他阔叶树林同属于异戊二烯排放类型，且竹林的异戊二烯排放速率更高，排放通量大，与阔叶林相比具有更强的杀菌潜力。毛竹是异戊二烯排放潜力较大的植被，其排放量可达 116μg/(g·h)，雷竹林冠层异戊二烯排放率可达 13.5nmol/(m^2·s)，且主要集中于夏季(7～9 月)。日本亀冈市野外的毛竹林和桂竹林同样是在夏季时异戊二烯排放速率最大，分别为 65.7nmol/(m^2·s)和 60.2nmol/(m^2·s)。北京鹫峰国家森林公园内毛白杨、栓皮栎、色木槭 3 类阔叶树林主要排放异戊二烯，排放速率分别为 36.47nmol/(m^2·s)、6.84nmol/(m^2·s)和 4.41nmol/(m^2·s)，均低于毛竹林。

6.3.2 社会群体健康效应

城市出现的目的是让人们能够有更好的生活，但是城市的发展却没有促进“人”与“绿”之间的和谐共生。一直以来，城市通过挤压绿色空间的形式来满足人们不断膨胀的物质需求，使城市普遍处于高密度状态。高密度的城市化为人们带来的不仅是生活水平和质量的提升，其对人们的工作素养和能力也提出了更高的要求。通过对相关研究成果的分析，高速发展的城市生活会使人们始终处于紧张的状态，进而引发一系列健康问题，如失眠、抑郁及心血管疾病等，不能够保证社会居民的生活质量。国际研究也证实了上述问题，其认为居民健康与城市(乡村)形态之间有一定的联系，而影响城市(乡村)形态的因素包括都市区蔓延指数、居住区密度、土地利用形式、开发强度等。在这样的社会发展背景之下，竹林风景线能够优化城市(乡村)形态，并且在形态组成中占有非常重要的地位。竹林风景线对社会群体的健康进行主动干预，能够给人们提供一个提升体力、促进人际交往的场所，使人们的需求以及社会的发展得到满足。所以，竹林风景线对社会交往、社会安全和福利都起到了促进作用。例如，在毛竹林或城市环境中行走 15min，均能使成年人的血压显著降低，但是前者对改善心情、减少焦虑的作用更强(α、β 脑电波显著下降)，在竹林中散步后，平均冥想和注意力得分显著增加[49]。相比于空白对照和城市景观，观看盆栽观赏竹实物更加有益于大学生受试者的放松，持续观赏 3min 即可使血压显著下降，冥想得分显著提高，焦虑评分显著下降[50]等。

6.3.3 人体生理心理响应

基于世界卫生组织对人体身心健康的定义，本书将竹林环境下人体响应分为生理和心理两个方面。就竹林景观、竹林环境对人体生理和心理的影响而言，目前只有四川农业大学竹林风景研究中心对其开展了系统研究[47]。

1. 生理方面

生理方面指的是内分泌的应激系统，主要包括交感-肾上腺髓质（sympathetico-adrenomedullary，SAM）轴和下丘脑-垂体-肾上腺（hypothalamic-pituitary-adrenal，HPA）轴两大部分。其中 SAM 轴主要是参与交感神经的活化过程，对人的紧张刺激情绪进行处理，进而使心率和血压上升。而皮质醇是 HPA 轴为了应对压力所释放的激素，当人们散步或者观景时，其血压和心率通常会下降。另外，心率变异性（heart-rate variability，HRV）作为中枢神经系统（central nervous system，CNS）活性的标志物的代表参数之一，其含义主要是心跳的时间间隔变化情况，同时与通过高频率（high frequencies，HF）激活副交感神经系统（parasympathetic nervous system，PNS）、通过低频率（low frequencies，LF）激活交感神经系统（sympathetic nervous system，SNS）有关。其中，心率变异性的高频部分被认为是副交感神经系统活动的重要体现，交感神经活动的标志是低频或者低频/(低频+高频)，可见能够反映压力应激状况的相关生理指标有血压、心率、血氧饱和度以及脑电波等。

（1）血压、心率

收缩压（参考值为 90～140mmHg）、舒张压（参考值为 60～89mmHg）、心率（参考值为 60～100BPM）数据测定采用电子血压计在左上臂进行测量。血压和心率能够对身体的应急状况进行直接反映。应激是一种在危险情况发生时出现的一种紧张的情绪状态，是人的机体对于外界环境、社会以及心理刺激等出现的一种适应反应。应激过多会使压力过大，而压力会对大脑皮层进行作用，使其分泌神经化学物质，从而导致免疫系统无法正常工作。若血压和心率降低，则说明身体的应激得到了缓解，对身体起到了放松的作用，有利于免疫系统的正常运转。有研究显示竹林风景能改善人的生理状态，包括使收缩压、舒张压下降。针对竹林人均密度方面，有研究发现“低人均”组的手指脉搏显著低于“高人均”组[51]。

（2）血氧度

血氧度（参考值为 $SpO_2$95%～99%）是指血液中（血红蛋白）实际结合的氧气（氧含量）占血液中（血红蛋白）所能结合氧气的最大量（氧容量）的百分比。血氧饱和度是反映呼吸循环功能的一个重要生理参数，是判断人体呼吸系统、循环系统是否出现障碍或者周围环境是否缺氧的重要指标，在临床应用中十分普遍。血氧饱和度低于 90%代表摄入的氧气含量偏低，呼吸很有可能出现问题，进而使大脑皮层受到直接的伤害，轻者表现为人体产生疲惫感和不适感，重者则会出现心脏骤停、心肌衰竭、血液循环衰竭等一系列问题。关于血氧饱和度的研究，不少实验证明与城市环境相比，竹林环境与城市环境存在极显著差异，更为细致的研究显示不同的竹林环境空间存在一定的差异，如在雅安西蜀竹海景区（YA）、宜宾蜀南竹海景区（YB）、都江堰竹海洞天景区（DJY）进行为期三天的观赏散步活动后，血氧饱和度由大到小依次为 DJY（SpO_2=97.84%）＞YA（SpO_2=97.31%）＞YB（SpO_2=97.30%）[40]。

（3）脑电波

大脑是一个复杂的系统，主要可分为额叶脑（frontal lobe）、顶叶脑（parietal lobe）、枕叶脑(occipital lobe)和颞叶脑(temporal lobe)。其中额叶的病变会导致人体出现丧失记忆、注意力无法集中等精神症状；顶叶的病变会出现表达性失语、失认症等问题；枕叶是视觉的高级中枢所在地，枕叶损失能够导致视觉功能障碍；颞叶病变则会有感觉性失语等多种综合征出现。脑电波正是基于脑部系统的神经元动作电位(action potential)所产生的，能够反映出大脑控制部位的健康状况。

在研究中，可以使用 Emotiv Pro 中的通道(AF4、AF3、F3、F4、F7、F8、FC5、FC6、T7、T8、P7、P8、O1 和 O2)对脑电波进行测量。一般来说，监测到脑电波的数据用 β/α 指数(β 波与清醒状态有关，α 波与放松程度有关)来判断。β/α 指数越高，代表个人更紧张；相反，指数越低，个人就越放松和平静。有关研究表明，具有适度生物多样性的植物景观最能唤起积极的情绪、偏好和重要的感觉。有学者认为，在竹林中漫步显示出了两个明显更高的神经情绪参数，即“配价”和“冥想”[52]。

2. 心理方面

(1)语义差异法

语义差异法(semantic differential，SD)，具体操作是：首先，根据被访者有可能出现的心理反应，拟定出一些形容词，如色彩丰富的与色彩单调的、愉悦的与不愉悦的等。这些概念的拟定，应当具有明确的可判定性和一定的可度量性，以此保证形容词对能够被准确地描述。把这样一些成对的形容词分成 5 个或 7 个等级(或者 9 个、11 个等级，依此类推)，让被访者接触景观，并将对此得出的印象感受程度标在相对应的等级上。对数个被访者进行测试，掌握多个样本的平均数。通过这些数据，可以画出样本的评价曲线。获得这些数据后，还可以运用数学和统计学的多因子变量分析法进行整理，对环境景观特征加以定量的描述。由于使用方法、实验环境不同，关于竹林环境特征的评价指标也有所不同，如有学者通过因子分析法，得到了与竹林环境特征具有内在联系的 3 个空间因子共有 3 个评价因素，即层次感、鲜明度、厚度[52]。也有学者提出了感官因子、氛围因子、气候因子、场所因子和空间因子 5 项评价指标作为评价竹林环境特征的依据[53]。

(2)心境状态量表

心境状态量表(profile of mood states，POMS)共有 30 个形容词，包括紧张、愤怒、疲劳、抑郁、精力、慌乱 6 个情绪分量表，均采用五级量表法答题(从“几乎没有”到“非常地”)，记分相应为 0~4 分。每个分量表的最高原始得分均为 20 分，最低得分均为 0 分。心境状态总分(POMS 指数)的计算方法是：POMS 指数= (紧张+愤怒+疲劳+抑郁+慌乱)-(精力)。其值越高，表明其心理健康状况越差，反之则越好。研究显示在毛竹林内开展为期 3 天的竹林浴后，与城市地区相比，竹林环境对被试者(青年)的消极情绪(紧张、抑郁、疲劳、慌乱、愤怒)有显著的改善作用，对积极情绪(活力、注意力)有促进作用[52]。

(3)感知维度量表

处于不同环境中的人主要是通过感觉器官与外界进行交互作用。所以，环境对人的影响首先是通过视觉、听觉、触觉、嗅觉和味觉刺激使个体在心理感知上产生差异，形成感知者的情绪反应，进而促使自主神经系统的交感神经系统和副交感神经系统产生生理变化。相关研究表明，视觉(即人依靠眼睛从外界获得的信息)占所有感官知觉的 87%[54]。过去的

30 年中，对自然特征进行分类的量表得到了发展，部分已用于相关的研究和计划过程以及政策文件中。最新版本的量表称为“感知维度量表”(perceived sensory dimension，PSD)，它是基于对近 1000 个随机选择的个体的认知体验，从一长串的自然素质中反映出他们的偏好，再进行清单中所有变量的因子分析，并确定以下 8 个环境感知维度：宁静(如安静或者美妙的声音)、空间(如宽敞和自由)、自然(如人为干涉极少的环境)、物种丰富(如多种动植物)、庇护所(如安全的坐椅和游乐设备)、文化(如用喷泉和铺装做的装饰)、前景(如发展潜力和愿景)、社交(如娱乐场所和餐厅)[55]。可见，相较于采集客观环境的信息描述，PSD 量表的优势在于更加注重人在接收客观环境信息后第一条件反射下的感受、认知，因此在许多文献中也会将其作为测试工具，进而定性分析绿色环境的特征[56]。

(4)感知恢复量表

在感知恢复理论的基础上，很多学者编制了不同的量表，其中由哈蒂格(Hartig)等编制的感知恢复性量表(perceived restorauive scale，PRS)被广泛地运用在测量环境对人的恢复性影响程度上[57]。有研究证明，短期的森林活动(如步行或坐着)可以减少生理和心理压力，提高注意力和认知能力[58]；部分研究使用森林照片作为刺激源，5～20 分钟的森林环境照片刺激，对参与者的注意力等方面都有积极的影响[59]。在空间结构与行为适应性研究中，竹林绿地中“步行”与“静坐”行为的情绪存在差异，短期静坐更利于恢复注意力[52]。

PRS 量表版本较多，本书采用的量表是叶柳红和吴建平在 2010 年编制的中文量表，该量表总共涉及 22 个题目，在分值上采用的是七点计分的方式，从 1～7，每个数值都代表不同的符合程度。本书所采用的量表具有较高的信度和效度，囊括了注意力恢复理论(attention restoration theory，ART)具备的距离感、吸引力、兼容性、丰富性四个特点。四个因子能够对 57.05%的总体方差进行解释，除此之外，四个分量表与总量表之间的相关系数为 0.724～0.943，而与分量表之间的相关系数为 0.478～0.684；四个分量表与总量表的 Cronbach' s α 系数为 0.769～0.936，分半信度为 0.695～0.903。

6.4　文 化 效 益

6.4.1　物质成就

在生活器具方面，在旧石器时代晚期和新石器时代早期，古代先民就利用竹制作生活器具，其中汉代有 60 余种，唐宋时期达 200 种，明清时期达 250 余种。包括饮具如竹斧、竹箪、竹笾、竹篡、竹簠、竹蒸笼，餐具如竹筷、竹碗、竹勺，家具如竹桌、竹椅、竹床、竹榻、竹屏风，盛物用具如竹筐、竹篮、竹箱、竹筒，消暑避雨用具如竹席、竹儿、竹枕、竹扇、竹伞，书写用具如竹简、竹纸、毛笔。此外还有乐器八音，玩具如竹马、竹风筝，装饰用具如竹帘，照明用具如灯笼，洁具如竹帚等(图 6-1)。

图 6-1 竹-器具

在居宅方面，作为理想的建筑材料，竹具有坚、韧、柔、直、抗压、抗拉、耐腐蚀等特性。从原始人的竹木结构“干栏式”居宅，到汉代的竹宫、宋代的黄冈竹楼、清代的粤西竹屋，以及现代傣家人的竹楼，都是利用竹材建造的著名竹建筑(图 6-2)。

图 6-2 竹-建筑

在服饰方面，秦汉时期出现的竹布、竹冠、竹斗笠、竹鞋沿用至今，另外竹簪、竹篦箕、竹箍等也都是用竹制成的容饰器(图 6-3)。

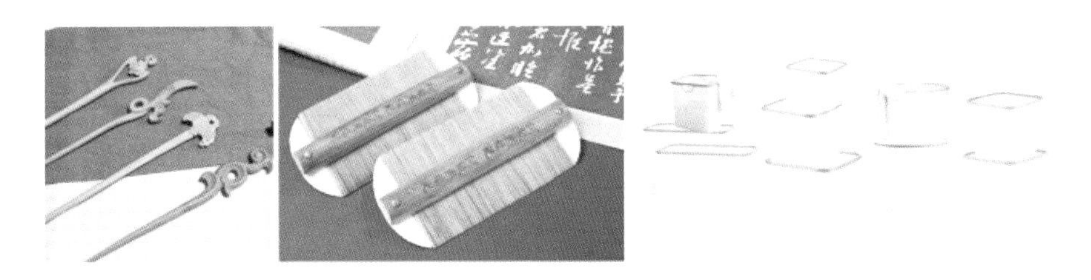

图 6-3　竹-服饰

在食用方面，自周代起竹笋就是席上珍馔，还发掘出竹荪、竹菌等绿色健康食品；竹叶、竹茹、竹沥是优良中药；竹实是历代救荒的重要食材(图 6-4)。

图 6-4　竹-食品

在交通方面，设施有竹单索桥、竹双索桥、竹多索桥和竹梁桥；交通工具有竹筏、竹船、竹车、竹轿(图 6-5)。

图 6-5　竹-交通

在创制方面，传统的农业工具和设施、渔业工具以及采矿业、兵器制造业、纺织业等，都采用竹作为主要的制作材料(图 6-6)。

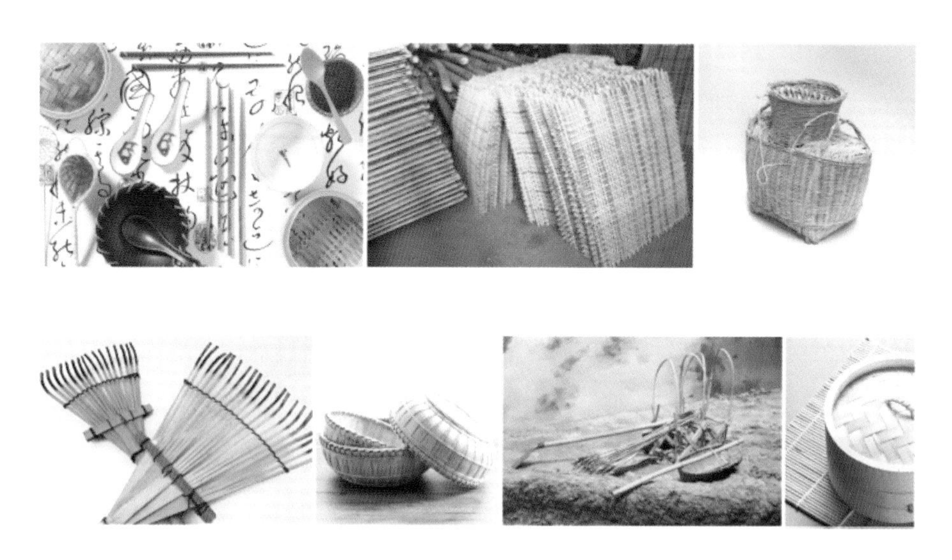

图 6-6　竹-工具

6.4.2　精神成果

在园林方面，竹子是中国古典风格园林中不可缺少的组成部分。据《尔雅·释地》记载“东南之美者，有会稽之竹箭焉”，即为古人欣赏秀丽竹林风光的历史见证。当时的种竹、建竹园，大多限于营建狩猎场和战略物资基地，竹子造园还处于萌芽状态。到了魏晋南北朝，中国园林从萌芽期进入发展期，竹子随即融入造园之中，《水经注》介绍北魏著名御苑“华林园”称：“竹柏荫于层石，绣薄丛于泉侧”。《洛阳伽蓝记》记录了洛阳显宦贵族私园“莫不桃李夏绿，竹柏冬青”。唐代文人王维规划的“辋川别业”中有“斤竹岭”“竹里馆”等竹景；北宋《御制艮岳记》中记录了北宋山水宫苑是以竹造景的典型，李格非所写《洛阳名园记》对归仁园、董氏西园、富郑公园、苗帅园等 10 座宅园做了专门的竹子景观评述；南宋周密《吴兴园林记》记录了吴兴的宅园“园园有竹”，从此竹子造园进入全盛时期；明清园林继承了唐宋传统，且逐渐形成地方风格，竹子与水体、山石、园墙、建筑结合及竹林景观是最大特色之一，造园技术理论书籍如王象晋《二如亭群芳谱》、屠隆《山斋清闲供笺》、李渔《闲情偶寄·居室部》、计成《园冶》、文震亨《长物志》，都对竹子造园做了详尽、精辟的论述，为后人所推崇、仿效，从此竹子园林发展进入成熟阶段。四川以西蜀园林为代表，其中以成都平原为中心，受地理环境、政治文化等影响，孕育发展成为以祠宇园林、衙署园林、寺观园林为主，宅院园林、陵寝园林为辅的地域园林(图 6-7)。

图 6-7　竹-园林

目前四川、浙江、湖南、广东等主要产竹省区依托当地竹资源开展生态旅游、休闲体验、竹林康养等第三产业，已经形成众多知名旅游景点。据中商产业研究院预测，到 2025 年我国竹林旅游接待游客量可达 18000 万人次。

在文学方面，从《诗经》开始大量咏竹文学作品面世，形成中国独特的竹文学意向。周芳纯和胡德玉系统详细查找、检索和收录了中国历代有关竹的诗词(14000 多首)、著作和文章。在此基础上精选了 1632 名作者的诗、词、赋、谱等作品共 2800 个，其中竹诗 2428 首、竹词 146 首，作者自撰竹子诗词 151 首、竹赋 27 篇、竹谱和笋谱等 3 份、随文注释 1400 多条，精选历代墨竹图 107 幅。宋代蜀学旗手苏轼从小耳濡目染民间祭祀竹郎庙的铜鼓蛮歌，当看到“徘徊竹溪月，空翠摇烟霏”(引自《游净居寺》)的清幽之景时，发出“回首吾家山，岁晚将焉归”的感慨；借咏“解箨新篁不自持，婵娟已有岁寒姿。要看凛凛霜前意，须待秋风粉落时”(引自《霜筠亭》)，显示其耿介旷达的人格形象；在《於潜僧绿筠轩》中表达“宁可食无肉，不可居无竹。无肉令人瘦，无竹令人俗。人瘦尚可肥，士俗不可医”的审美情趣；更是提出“胸有成竹”的绘画理论，开辟了以竹、石为主题的画体，为千古墨竹画家所趋尚。中唐蜀女薛涛名列唐朝四大女诗人之首，常以竹喻己，用“蓊郁新栽四五行，常将劲节负秋霜。为缘春笋钻墙破，不得垂阴覆玉堂”(引自《竹离亭》)叙写在艰难岁月里顽强抗争的经历。诗圣杜甫在四川浣花溪畔营建草堂，“平生憩息地，必种数竿竹”，以听“竹高鸣翡翠”，观“美花多映竹”，进而“竹林为我啼清昼”(图 6-8)。

图 6-8 竹-文学

在绘画方面，竹在中国传统绘画题材中备受青睐。中唐时期，中国画竹艺术已成为专门的画科，宋元时代大盛，涌现出大批杰出画竹名家，并取得了极高的艺术成就(图 6-9)。

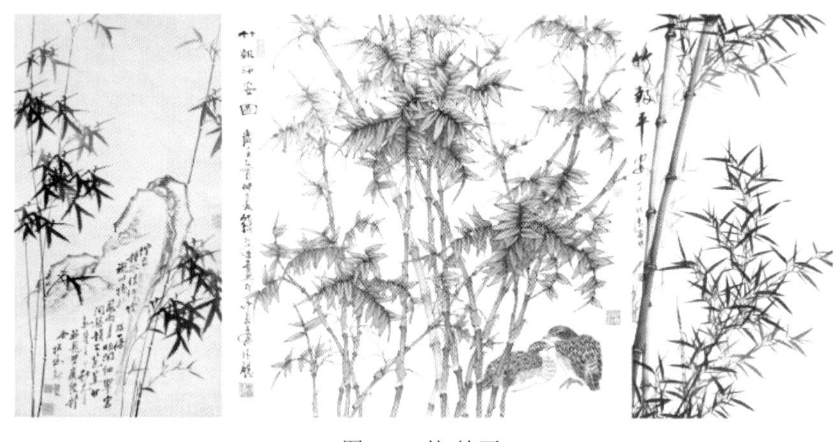

图 6-9 竹-绘画

在民俗方面，竹在中国传统民俗文化中起着口承文艺与游乐活动的功能。在婚恋、丧葬、节日、歌舞等社群活动中，被视为家族兴盛、归宗敬神、生活平顺等吉祥的象征(图 6-10)。

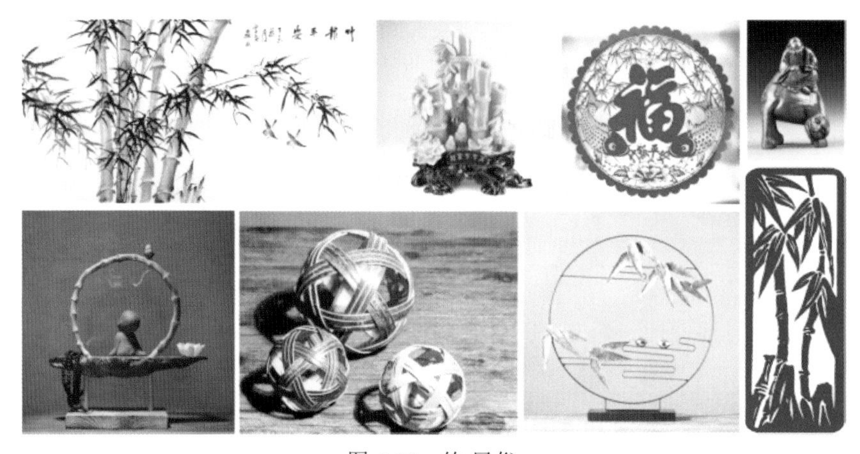

图 6-10 竹-民俗

在衍生方面，有大熊猫文化。大熊猫主食竹种有团竹、拐棍竹、冷箭竹、八月竹、短锥玉山竹、石棉玉山竹等，因此，大熊猫文化成为四川竹文化的衍生。四川省大熊猫栖息地作为世界自然遗产，跨越 4 个地级行政区，馆舍分布于 7 个自然保护区。其中雅安为熊猫模式标本产地和熊猫文化发祥地，是“四川大熊猫栖息地”的核心区之一。现有的蜂桶寨国家自然保护区、碧峰峡大熊猫科研繁育基地也正积极地推进大熊猫国家公园体制试点工作(图 6-11)。

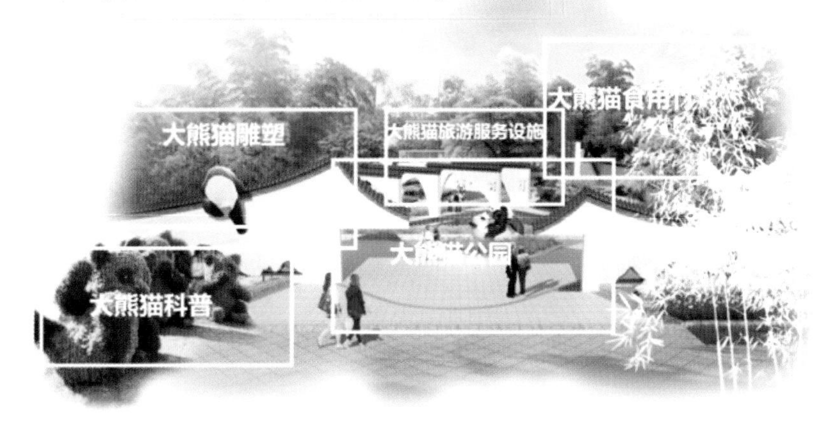

图 6-11 竹-大熊猫

第7章　展　　望

7.1　创新与发展

7.1.1　理论意义

本书立足四川省竹林风景线的发展现状，阐述竹林风景线的定义与特质，划分竹林风景线构建的类别及模式，形成竹林风景线建设的系统基础理论。进一步建立竹林风景线评价认定体系，基于竹林风景线构建理论，对竹林风景线模式构建展开研究，提出“景观优先”“富民为主”“文化引领”三种竹林风景线构建模式，分别评价其生态、经济、康养、文化效益。本书为四川省打造具有四川特色、高质量的美丽竹林风景线提供了有益参考，通过多样构建模式，因地制宜地展现竹林的生态、文化、旅游、经济等功能，让竹林成为四川的一道风景线。

本书旨在研究不同地理环境下竹林风景线的形成发展、分布组合和空间结构变化规律。在“景观优先”层面，构建竹林风景线有助于保护和优化生态环境；在“富民为主”层面，构建竹林风景线有助于提高生产效能，促进产业深度融合，实现竹产业全产业、全链条提升；在“文化引领”层面，构建竹林风景线有助于丰富城乡居民日常生活，展现地域文化，彰显城市魅力。

7.1.2　实践意义

1. 扎实推进竹林资源提质增效

一是竹林风景线的构建，充分应用新成果、新技术、新装备，加快低产低效竹林复壮改造；实现乡土优良竹种、树种混交种植林推广；提升了竹林基地质量，开展竹林质量精准提升工程，打造现代竹产业示范基地。二是利用城镇道路、绿地、楼院、庭院开展植竹美化，打造一批城镇竹林景观。完成美丽乡村植竹造林和绿道建设，打造翠竹长廊、竹林大道、竹林新村、建设特色竹景观带。积极培育优质竹林景观，适地适竹，积极营造多类型、多用途竹林景观资源。三是利用天然林保护、湿地保护恢复、水土保持、石漠化治理等重点工程，强化生态竹林资源保护培育，充分发挥竹林对江河流域的生态保护作用。四是积极推进竹药、竹菌、竹禽、竹畜等复合经营模式，完善竹下生态种养标准，建设、认定竹林示范基地，充分利用林下土地资源和生境优势，科学推进竹林立体经营(图 7-1)。

图 7-1 竹林资源提质增效

2. 充分实现竹文化的深度融合

一是培育竹文化创意产业。深化竹与历史、文化和民俗的融合，挖掘竹诗词文化，传承发展竹编、竹雕、竹簧、竹宣纸、竹丝画帘、竹油纸伞等非物质文化遗产。推动竹文创产品设计生产，建立竹文创基地，促进蜀南竹文化申遗，建设青少年竹生态教育基地，打造竹类研究教学科普基地。二是大力发展竹生态旅游。通过竹文化节、竹生态旅游节、竹博览会、竹林体育等活动，打造一批竹生态旅游精品线路、竹林体验基地、竹林康养示范区。依托大熊猫栖息地竹林景观加快发展生态旅游，推动大熊猫文化与竹产业融合发展。打造省级竹林小镇、竹林人家以及特色生态旅游示范村镇。三是加快竹景区提档升级。推动标准化创建，着力提升竹景区服务能力。推进多样化景观打造和经营利用，将更多竹林景区创建为国家 4A 级旅游景区、生态旅游度假区(图 7-2)。

图 7-2 竹文旅深度融合

3. 积极推动竹产业的转型升级

一是加快建设现代竹产业园区。整合资源要素，集中打造现代竹科技示范园、竹生态经济园、特色竹产业园、国家级示范园区。建立竹创新创业平台，建设一批竹产业“双创”示范基地，发挥竹产业园区辐射带动作用。引导农村创业创新基地与特色竹产品优势区、现代农业示范区对接。二是优化提升竹产品精深加工。突出延伸产业链、提升价值链，推动竹浆纸、竹笋、竹人造板、竹地板、竹家具、竹工艺品、竹包装、竹建材装饰等传统产业智能化、数字化、绿色化改造。促进竹炭、竹饮料(竹酒)、竹原纤维、竹基纤维复合材料(竹钢)、竹药品等新兴产业发展。三是推进竹产品就地加工转化。优化竹材、竹笋、林下产品就地初加工点布局，推进竹食品冷链物流建设。建立竹产品初加工合作社，组建竹林采伐经营专业队伍。实现竹产品初加工固定化、规模化、科学化，提高竹产品附加值。四是开发竹类新产品，比如重点开展高效干燥、防霉防腐、原色保护、立体增强、异型处理等原竹改性增强方面的技术研发与生产转化，突破原竹易开裂、易变形、易霉变、易变色等技术难题，满足建筑结构对大尺度、高强度、耐久度大宗原竹材料的多维要求；重点研究由竹种及竹原料非均质多相结构特性引起的竹重组材建筑材料质量的变化特征等。又如，通过与科技创新相结合，研发更多的竹产品，如纳米竹纤维、竹炭纤维等高科技产品和竹代塑产品；开发原竹造型数字设计与加工技术；以原竹、竹粉、竹纤维等材料和高性能高分子材料复合，制造生产工艺绿色友好的竹基高性能高分子复合材料等(图 7-3)。

图 7-3　竹产品转型升级

7.1.3 发展前景

以竹林风景线的构建及其效益为切入点，深入探索发展方向，主要包括五个方面：生态可续领域、行为健康领域、空间形态领域、生态建筑领域以及产业发展领域。

1. 生态可续领域

开展竹林风景线生态效益研究、竹林风景线生态作用机理研究、竹林风景线生态体系构建影响因素研究、竹林风景线空间布局与效应规律研究、竹林风景线生态规划与生态设计研究。

在构建竹林风景线的过程中，需要以原有自然生态系统为基础，采取低影响开发的手法，保护物质环境资源与生态平衡，以此实现生态可持续。具体体现在以下方面：生态绿地保护和恢复，构建绿地生态网络；生产绿地保护和控制，引导城乡空间发展；游憩绿地开发与利用，完善游憩空间体系。发挥竹景的各项功能，通过城乡绿地的协同作用，发挥绿地综合效益，规划可持续发展的绿地系统，营造与环境承载能力相协调的竹林风景线(图7-4)。

图7-4 生态可续

2. 行为健康领域

开展竹林风景线康养效益研究，竹林风景线康养作用的科学机理与科学规律研究，竹林风景线与健康关系研究，竹林风景线与人类心理行为、道德行为关系研究，竹林风景线与文化修养关系研究。

随着健康认识的深入以及医疗模式的转变，人类健康诉求已从被动治疗向主动预防转变。近年来，亲生命假说、自然助益理论、超负荷理论和唤醒理论、感知恢复理论、压力缓解理论等相关健康环境设计理论研究日益完善。从环境视角来看，探讨人类从环境中获得生理心理机能恢复的研究不断深入，形成积极心理影响下的健康支持环境研究新方向，例如行为场景论、场所依赖论、自身认知论、沉浸理论、可供性理论、绿色锻炼论等。构建健康支持性竹林风景线，融合景观生态学、社会学、环境行为学等众多学科领域内容，通过丰富自然环境的感官体验、优化动线景观系统、增强环境的场所感知以及营造环境的交互性氛围等环境景观设计策略，最大限度地发挥生态竹林健康支持性作用。

3. 空间形态领域

开展竹林风景线空间与生态效益关系研究、竹林风景线空间与康养效益关系研究、竹林风景线空间与城镇风貌关系研究、竹林风景线空间与城镇产业关系研究、竹林风景线空间美学研究、竹林风景线空间的场所精神研究。

根据《中共四川省委、四川省人民政府关于推进竹产业高质量发展建设美丽乡村竹林风景线的意见》（川委发〔2018〕34 号），依据资源分布和发展基础，推动形成“一群两区三带”美丽乡村竹林风景线总体发展格局，着力打造要素集聚、三产融合、竞争力强的现代竹业发展群，努力建成中国西部竹产业发展高地；打造以竹研发、竹博览、竹会展、竹培训、竹编、竹装饰为特色的国际竹产业文化创意先行区；以大熊猫国家公园所涉区域为重点，着力打造以大熊猫食竹景观为特色的原生态竹旅游示范区；打造以竹炭、竹纤维、竹文化旅游为特色的融合发展带；打造以川西竹林盘、有机竹笋、竹艺制品为特色的高端产业带；打造以高性能竹基纤维复合材料和竹日用品制造业为特色的新兴产业带。建设特色竹海景区、竹林风景道、竹类博览园、竹林小镇、竹林人家、大熊猫国家公园，促进公园城市建设、乡村振兴，助推大美竹林风景线构建。

4. 生态建筑领域

开展竹林风景线美丽竹居建造研究、竹林风景线竹构筑物建造研究、竹林风景线竹户外用品设计研究、竹林风景线竹家具用品设计研究、竹林风景线竹工艺品设计研究、竹林风景线竹材循环利用研究。

竹材作为一种生物材料，具有强度高、弹性好、性能稳定、密度小的特点，是植物中作为结构材料最好的原料之一，是理想的生态建筑材料。竹材料、竹制品、竹家具、竹建筑的广泛使用，为人们提供健康、舒适、安全的居住、工作和活动空间，且竹建筑在全生命周期中实现高效率地利用资源（节能、节地、节水、节材）、最低限度地影响环境，充分体现“以人为本”“人—建筑—自然”和谐统一的理念，是实现可持续发展和绿色平衡的有效途径，对于保护森林资源、以竹代木、降低建筑能耗、共建节约型社会具有重要意义（图 7-5）。

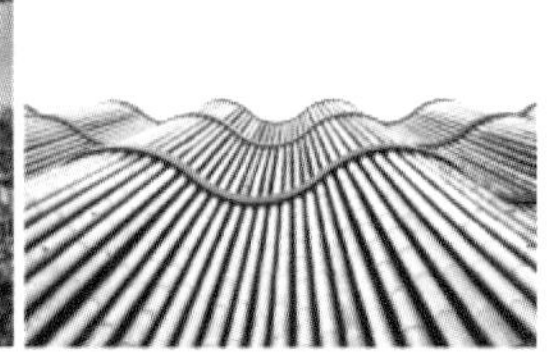

图 7-5 竹与生态建筑

5. 产业发展领域

开展竹林风景线业态定位研究、竹林风景线产业结构研究、竹林风景线产业运营模式研究、竹林风景线多元管理服务机制研究等。

延伸产业链，培育生态圈。推进竹林复合经营，推广竹药、竹菌套种模式，支持建设拥有产品流通溯源体系的笋用竹基地，认定竹林示范基地。强化竹产品精深加工，研发应用优质新型竹产品及加工技术、工艺，优化竹原材料就地加工点布局，建设竹食品冷链物流和综合服务站(图 7-6)。培育产业特色优势明显、建设水平区域领先、带动林农增收显著、组织管理健全完善的现代竹产业园区。促进竹文化产业发展，挖掘传承传统竹文化，创新竹文化表现形式，建设大师工作室、竹文创中心、竹类博物馆等。发展竹林生态旅游，建设重点竹文旅项目，支持竹产业重点区域，发挥自身优势，打造特色竹旅游产品，创建省级、国家级竹林康养基地和竹林人家。

图 7-6 竹产业发展

7.2 研究结论

以竹林风景线的基础研究为依据，以生态理论、规划理论、空间理论、康养理论四大类理论为支撑，通过研究竹林风景线形成脉络，明确其耦合关系和运作机制，进而完成竹林风景线的构建内容。以下对竹林风景线三大基本构建模式做进一步阐述。

7.2.1 “景观优先”模式

营建生态优先绿色竹景观。在充分发挥竹资源生态效益的基础上加强生态竹林资源保护培育、积极培育优质景观竹林、深入开展竹林风景营造。依托现状生态资源，融合创新、协调、绿色、开放、共享发展理念，按照生态优先的原则和可持续发展的要求，在维持原有风貌的基础上，进行生态涵养，水系、绿地梳理，土地集约利用，整合打造竹林人家、竹林村镇，精心建设沿江、河、湖、库、路竹林大道，改造提升竹林景区、竹林基地，点、线、面构建竹林景观新格局，彰显竹林风景线的生态价值。高起点编制发展规划，推动各地因地制宜建设竹林风景线，绘就翠竹环绕、绿道相接、万竿成海的新时代竹林风景线生态画卷。

7.2.2 “富民为主”模式

创建兴业富民现代竹产业，旨在加大对竹产业的发展与指导。包括以下六个方面：重视科学引导，合理利用竹资源；加快产业转型，实现集约高效；完善税收扶持政策；拓展发展资金来源；建立完善竹产品市场体系与构建多层次标准体系。按照因地制宜、分区施策的原则，明确各宜竹地区产业重点，让特色产业的特色更突出，让支撑产业的支撑更有力；按照加工引领、三产融合的思路，培育龙头企业，推动加工带基地、二产带一产高质量发展，构建种植、加工、销售、服务全产业链，实现竹资源全价值利用，最大限度释放经济效益；按照园区带动、集约经营的思路，着力建设竹产业示范园区，吸引加工企业、资源资本、人才科技向园区集聚，推动技术研发和成果转化，实现产业园区化、园区景区化、视野国际化。逐步形成以竹笋、竹材、竹纸、竹编、竹酒、竹药、竹炭、竹钢、竹纤维、竹家具、竹地板为主的发达的竹产业体系，竹产业链从竹种植、竹加工延伸到竹旅游、竹会展、竹文创等领域。

7.2.3 “文化引领”模式

弘扬天府之国特色竹文化，包括重视文化融合与创新、促进文化效益的提升与重视景观意境的发挥三方面。有步骤地延续历史文脉，构建地域性景观，形成景面文心的景观意向。尊重原有肌理与密度，促进自然生态与人文空间相融合，构建体现自然禀赋的文化景观体系。挖掘千年历史文化积淀，延续历史文化根脉，传承工艺文化精髓，引领产业创新，活化传统产业。纵向延伸竹文化，横向关联酒文化、茶文化、红色文化、大江文化等地域民俗文化，做好竹文化固化、物化、活化和品牌化。围绕竹资源，设立大师工作室、竹文创中心、竹类博物馆、省级自然教育基地等宣传载体，挖掘传承传统竹文化，创新竹文化表现形式，增加竹景文化的表达方法和途径，彰显特色艺术效果，构成新形势下的地域文化表达。

7.3 不足与思考

四川省竹产业发展虽然已取得一定成效，但仍处于“大资源、小产业、低效益”状态。竹林风景线构建作为一个新兴领域，存在一些问题。一是在竹景观及竹林康养规划设计方面，缺乏对选址、整体功能性的把握，缺乏对整体资源的有效利用，存在较大的思维局限性；二是竹林康养评价模型、产品、技术标准与建设规范等方面的理论与配套技术不够完善，缺少以康养保健、旅游观赏需求为主目标的评价指标体系；三是竹林风景线建设相关科普宣传模式单一，竹文化研究到达瓶颈，重复研究现象严重，传统竹文化与现代社会发展的结合与创新缺少理论与技术支撑；四是目前能借鉴的模式较少，现四川省内竹产业发展较好的基本集中在竹资源丰富的区域，如宜宾市、泸州市、乐山市等地，在竹资源匮乏地区竹产业仍难以发展，亟需新发展思路。

四川省在竹林风景线构建领域有一定的研究基础，但仍处于初级阶段，相关理论研究有待进一步提高。各市在政府号召下积极响应并建设竹林风景线，如成都市、宜宾市、眉山市、泸州市等，但各地需要根据自身优势资源条件，因地制宜地发展。如宜宾市作为全国十大竹资源富集区之一，依托宜宾林竹产业研究院，采用“职能部门+创新平台+首席专家+科研团队”的模式全力推动竹产业高质量发展，在竹资源丰富的地区加强特色与品牌打造，成功打造了蜀南竹海特色景区、竹林产业园、特色镇等，为四川省内拥有竹林资源的周边市、区、县起到了良好的示范作用，提供了竹林风景线发展新思路与新角度。

在已有的三种基本模式借鉴下，四川省乃至全国的竹林风景线建设还需继续发展，类似的竹林风景线规划设计也需进一步优化，提高建设质量、聚合功能效益、加强组织保障。

(1)构建竹林风景线，以习近平新时代中国特色社会主义思想为指导，深入贯彻党的二十大精神，深入践行“两山”理论，以建设美丽宜居公园城市、深化供给侧结构性改革为主线，以竹茂城美、竹兴农富为目标，着力保护与提升竹林盘、挖掘与创新竹文化、打造与创建竹品牌，推动竹产业结构调整与现代竹产业体系构建，促进农商文旅体全面融合发展，营造竹生态价值转化场景，助力乡村振兴，让竹林成为公园城市一道美丽的风景线。

(2)构建竹林风景线，优化规划设计。旅游开发已全面进入“大旅游时代”，是新时代社会发展环境使然，更是旅游产业成熟发展的内生需求。“国际大旅游发展新格局”不是旅游资源和旅游景区简单的叠加拼接，而是要借力“大旅游产业”来盘整山河、贯通产业、振兴文化、实现发展。为顺应“国际大旅游发展”趋势，应以不同竹林资源为生态本底，结合历史内涵和地域特色，协同周边共同推进“世界大美竹海”“世界竹林风景线”

的形成。“西南高山大美竹海线”以四川、重庆、云南中部、贵州片区为主；“江南水居大美竹海线”以浙江、江苏、江西、湖南、安徽南部片区为主；“华南大美丛生竹海线”以福建沿海、广东南岭、广西东南部为主；“北方大美散生竹海线”以甘肃、陕西、河南、湖北、山东、河北西南部片区为主；“琼滇大美攀援竹海线”以海南中南部、云南南部和西部边缘、西藏东南察隅和墨脱片区为主。

以“西南高山大美竹海线”为例，其构建了“一线两环”川滇黔渝旅游空间布局结构。其中“一线”为“世界西南竹林风景线”，是穿插在四川盆地边缘的亚高山竹林带的独特竹林风景线；“两环”中的“竹旅文化联动发展环”指以竹文化和大熊猫文化显著的区域串联起来形成的环线，包括三州(阿坝藏族羌族自治州、甘孜藏族自治州、凉山彝族自治州)、成都、雅安、乐山、宜宾等地；“竹旅省际区域发展环”指的是长江自西向东将云南、四川、重庆、贵州竹海串联起来形成的环线，将主要竹林风景区如昭通市绥江竹海、彝良海子坪竹海、乐山沐川竹海、宜宾蜀南竹海、重庆茶山和百里竹海、贵州赤水竹海等团聚在一起，起到整合与贯通的作用(图 7-7)。编制世界大美竹海五区联动旅游总体规划以及各片区相关旅游规划与设计，形成完善的“美丽竹林风景线”及“世界大美竹海”旅游体系，从而打造集生态保护、旅游观光、产业发展和文化传承等功能为一体的自然和人文景观集群，实现共建共享与共通共融。

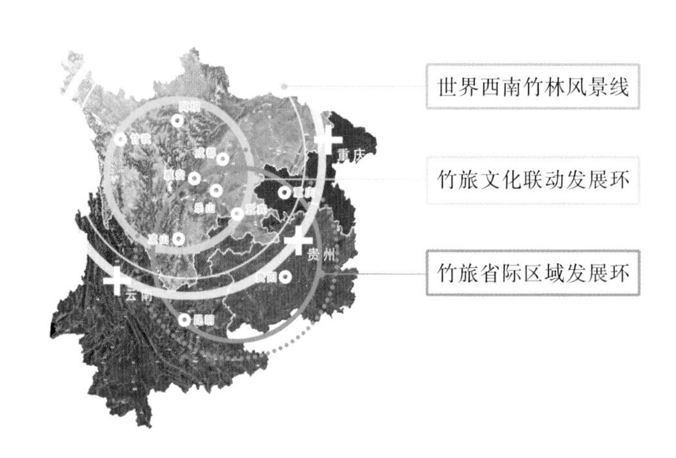

图 7-7 “西南高山大美竹海线”旅游空间布局

(3)构建竹林风景线，提高建设质量。加大统筹力度，点线面结合，高站位高质量地建设翠竹长廊，统筹打造一批竹林景区、竹林小镇、竹林人家，加快建设可视性好、特色鲜明、功能完备的竹林风景线。强化总体设计，突出特色优势，把农村竹林风光和城镇竹林风景园林结合起来，实现城乡呼应，有机衔接。强化竹林风景线整体规划和节点设计，增强特色感、提高可游度，通过竹木混交、竹花结合、竹彩相映和点线面结合，美化城乡环境，为社会提供优质生态产品。

(4)构建竹林风景线，聚合多功能效益。以市场需求为导向，以竹兴农富为目标，壮大现代竹基地，发展特色竹加工，推进“竹产业+”融合发展以带动竹农增收，实现生态效益、经济效益、社会效益、市场效益聚合。同时推动竹文化与竹旅游融合发展；推动竹文化与竹林生态环境、景观感知和养生活动的康养功效研究融合，大熊猫文化与竹产业融合发展；丰富竹林科普宣传内容，创新竹林科普宣传模式，开发竹类小盆栽、竹盆景、竹工艺品等新产品。科研方面，基于“竹林风景线”的四川竹产业融合发展路径研发，发挥“一带一路”建设和长江经济带发展的重要节点作用，城市建设突出公园城市特点，统筹生态价值，努力打造竹林风景线新的增长极，建设内陆开放经济高地。

(5) 构建竹林风景线，加强组织保障。切实加强组织领导，各竹产业重点市(州)、县(市、区) 要相应完善工作机制，制定具体推进方案。坚持问题导向、目标导向，实行“清单制+责任制”管理，加强宣传引导，推动形成竹产业高质量发展的良好氛围。强化科技人才支撑、组建竹产业科技创新联盟、鼓励研发竹产业新技术、支持高校建立竹产业学院、加快科技成果推广转化、支持引进竹产业高端技术和管理人才；强化财税金融支持，重点支持竹资源培育及配套设施建设；完善体制机制，加强竹产业招商引资，完善扶持政策，鼓励通过竹林流转、托管、合作社、股份合作等实现规模经营，推广“公司+基地+农户”“公司+合作社+农户”等利益联结模式，鼓励建立竹林经营权流转制度。相关部门进一步压紧压实工作责任，强化资金用地保障，加大宣传和交流力度，充分发动各方参与，在全社会形成共同推进的浓厚氛围，切实完成各项目标任务，高标准高质量地建设好竹林风景线。

参 考 文 献

[1]费世民. 四川竹林风景线[M]. 北京: 中国林业出版社, 2020.

[2]严迅奇, 庄元莉. 联系的美学[J]. 世界建筑, 1997(3): 23-25.

[3]伯努瓦 • B. 曼德布罗特. 大自然的分形几何学[M]. 陈守吉, 凌夏华, 译. 上海: 上海远东出版社, 1998.

[4]刘滨谊, 张亭. 基于视觉感受的景观空间序列组织[J]. 中国园林, 2010(11): 31-35.

[5]田少朋. 三类速度体验下的城市道路景观设计要点研究[D]. 西安: 西安建筑科技大学, 2012.

[6]Forman R T T, Godron M. Landscape Ecology[M]. New York: John Wiley&Sons, 1986.

[7]吕一河, 陈利顶, 傅伯杰. 景观格局与生态过程的耦合途径分析[J]. 地理科学进展, 2007(3): 1-10.

[8]魏清泉. 区域规划原理和方法[M]. 广州: 中山大学出版社, 1994.

[9]孙希有. 流量经济[M]. 北京: 中国经济出版社, 2003.

[10]卜鹏翠. 基于环境心理学的人与自然关系——评《环境心理学: 心理、行为与环境》[J]. 环境工程, 2021, 39(1): 214.

[11]弗雷德里克 •斯坦纳. 生命的景观——景观规划的生态学途径[M]. 周年兴, 李小凌, 俞孔坚, 等, 译. 北京:中国建筑工业出版社, 2004.

[12]袁剑锋. 大象无形——"形""势"观下的尺度问题[J]. 华南师范大学学报(社会科学版), 2018(2): 187-190.

[13]布莱恩 • 劳森. 空间的语言[M]. 杨青娟, 韩效, 卢芳, 等译. 北京: 中国建筑工业出版社, 2003.

[14]芦原义信. 外部空间设计[M]. 尹培桐, 译. 北京: 中国建筑工业出版社, 1985.

[15]爱德华·霍尔. 无声的语言[M]. 何道宽, 译. 北京: 北京大学出版社, 2010.

[16]妮古拉·加莫里. 城市开放空间设计[M]. 张倩, 译. 北京: 中国建筑工业出版社, 2007.

[17]鲁本 • M. 雷尼. 花园重归美国高科技医疗场所[J]. 罗曼, 译. 中国园林, 2015, 31(1): 6-11.

[18]杨帆. 深圳康复花园适用植物研究[D]. 北京: 北京林业大学, 2013.

[19]康伟. 设计结合医疗——现代康复景观设计研究[D]. 重庆: 重庆大学, 2010.

[20]苏谦, 辛自强. 恢复性环境研究: 理论、方法与进展[J]. 心理科学进展, 2010, 18(1): 177-184.

[21]Barbara kreski. Therapeutic landscapes: an evidence-based approach to designing healing gardens and restorative outdoor spaces[J]. Public Garden, 2013, 28(3): 28-29.

[22]李树华. 尽早建立具有中国特色的园艺疗法学科体系(下)[J]. 中国园林, 2000, 16(4): 32-34.

[23]肖笃宁, 陈文波, 郭福良. 论生态安全的基本概念和研究内容[J]. 应用生态学报, 2002(3): 354-358.

[24]刘洋, 蒙吉军, 朱利凯. 区域生态安全格局研究进展[J]. 生态学报, 2010, 30(24): 6980-6989.

[25]和春兰, 饶辉, 赵筱青. 中国生态安全评价研究进展[J]. 云南地理环境研究, 2010, 22(3): 104-110.

[26]黄光宇. 城市生态环境与生态城市建设[J]. 城乡建设, 1999(10): 25-28.

[27]樊志权. 我国竹产业发展现状及对策[J]. 现代园艺, 2020, 43(18): 22-23.

[28]吕衡, 张健. 安吉县竹产业发展实践与探索[J]. 浙江林业, 2020(6): 30-31.

[29]王承南, 邓白罗, 熊微微. 关于经济林标准体系构建的思考[J]. 中南林业科技大学学报, 2006, 26(4): 71.

[30]雷霆, 王靖岚, 赖炘, 等. 大熊猫主食竹巴山木竹挥发性成分分析[J]. 世界竹藤通讯, 2015, 13(5): 16-20.

[31]戴秋思, 刘春茂. 竹文化影响下的西蜀历史名人纪念园林[J]. 中国园林, 2011(8): 65-68.

[32]甘章成. 郑板桥画竹养生[J]. 科学养生, 2004(2): 4-5.

[33]施惠江, 计玮玮, 章德友, 等. 浙江湖州不同经营类型竹林土壤持水能力比较[J]. 世界竹藤通讯, 2020, 18(6): 35-39.

[34]蒋仲龙, 叶柳欣, 刘军, 等. 封育年限对毛竹林凋落物和土壤持水效能的影响[J]. 浙江农林大学学报, 2020, 37(5): 860-866.

[35]徐秋芳, 姜培坤, 董敦义, 等. 毛竹林地土壤养分动态研究[J]. 竹子研究汇刊, 2000, 19(4): 46-49.

[36]杨校生, 吴良如, 李正才, 等. 毛竹林经济和生态公益价值综合评价——以浙江省湖州市为例[J]. 竹子研究汇刊, 2007(1): 1-5.

[37]阮宏华, 姜志林, 高苏铭. 苏南丘陵主要森林类型碳循环研究——含量与分布规律[J]. 生态学杂志, 1997(6): 18-22.

[38]张华. 基于森林资源清查资料的福建省竹林生态系统服务功能研究[D]. 北京: 中国林业科学研究院, 2013.

[39]张刚华. 不同类型毛竹林结构特征与植物物种多样性研究[D]. 北京: 中国林业科学研究院, 2006.

[40]吕兵洋. 毛竹等三种观赏竹林的生态保健功能和机制研究[D]. 雅安: 四川农业大学, 2018.

[41]张晶, 王成, 古琳, 等. 初秋季节毛竹林小气候及其人体舒适度的日变化[J]. 城市环境与城市生态, 2012, 25(5): 4.

[42]刘昕. 冬季竹林内外小气候状况及对人体舒适度的影响[J]. 内蒙古林业, 2016(11): 10-11.

[43]刘蔚漪, 范少辉, 蔡春菊, 等. 不同竹林类型的夏季小气候特征研究[C]. 天津: 中国科协年会, 2011.

[44]汪德熙, 李滢, 韦晓青, 等. 声景与声环境对于人体行为的影响[J]. 大众标准化, 2021(9): 120-122.

[45]张娟, 罗翊, 吴慧芳. 白噪音干预对混合性焦虑抑郁障碍患者睡眠质量的影响[J]. 长江大学学报(自然科学版), 2019, 16(11): 131-133.

[46]郑钧, 吴仁武, 史琰, 等. 竹类植物的主要环境效应研究进展[J]. 浙江农林大学学报, 2017, 34(2): 374-380.

[47]陈其兵, 江明艳, 吕兵洋, 等. 竹林康养研究现状及发展趋势[J]. 世界竹藤通讯, 2019, 17(5): 1-8.

[48]张甬泉. 地下空间空气负离子对人体的影响[J]. 地下空间, 1992(1): 24-9, 94.

[49]Hassan A, Tao J, Li G, et al. Effects of walking in bamboo forest and city environments on brainwave activity in young adults[J]. Evidence-based Complementary and Alternative Medicine, 2018,2018:1-9.

[50]Hassan A, Chen Q, Jiang T, et al. Psychophysiological effects of bamboo plants on adults[J].Biomedical and Environmental Sciences, 2017,30(11):846-850.

[51]Lin W, Chen Q, Jiang M, et al. The effect of green space behaviour and per-capita area in small urban green spaces on psychophysiological responses[J]. Landscape and Urban Planning,2019,192:103637.

[52]Lin W, Chen Q, Jiang M, et al. Sitting or Walking? Analyzing the neural emotional indicators of urban green space behavior with mobile EEG[J]. Journal of Urban Health,2020,97(4):191–203.

[53]邓淞元. 观赏竹林环境对人心理影响的相关性研究[D]. 雅安: 四川农业大学, 2018.

[54]Bourassa S C . Toward a theory of landscape aesthetics[J]. Landscape & Urban Planning, 1988, 15(3-4): 241-252.

[55]Stigsdotter U K , Grahn P . Stressed individuals' preferences for activities and environmental characteristics in green spaces[J]. Urban Forestry & Urban Greening, 2011, 10(4): 295-304.

[56]Grahn P , Stigsdotter U K . The relation between perceived sensory dimensions of urban green space and stress restoration[J]. Landscape & Urban Planning, 2010, 94(3-4): 264-275.

[57]Hartig T, Korpela K, Evans T P, et al. Validation of a measure of perceived environmental restorativeness[J]. Göteborg Psychological Reports, 1996, 26(7): 1-64

[58]Chen H T , Yu C P , Lee H Y . The effects of forest bathing on stress recovery: evidence from middle-aged females of Taiwan[J]. Forests, 2018, 9(7) 1-9.

[59]Chiang Y C , Li D , Jane H A . Wild or tended nature? The effects of landscape location and vegetation density on physiological and psychological responses[J]. Landscape & Urban Planning, 2017, 167: 72-83.

附表

附表一　翠竹长廊（竹林大道）认定评分表

评定指标			分值	指标评价内容（公式计算结果=x）	评分标准（得分比值）			备注
一级指标	二级指标	三级指标			差	一般	好	
					0	0.6	1	
合计			100					
资源培育（50分）	基本规模（30分）	长度	15	连续竹林长度不低于10km	$x<10$km		$x\geqslant 10$km	实测
		宽度	15	两侧的竹林（覆盖）宽度各不低于5m	$x<5$m		$x\geqslant 5$m	实测
	竹林质量（20分）	保存率	5	翠竹长廊区域内竹子（新栽和原有）保存率不低于85%且分布均匀	$x<70\%$	$70\%\leqslant x<85\%$	$\geqslant 85\%$	随机抽查
		生长情状况	15	翠竹长廊内的竹笋、立竹生长健康，其中病、虫、死、断、倒竹竿（竹笋）数不超过总数的5%（及时伐除老枝，一、二、三度竹比例均匀）	$x\geqslant 10\%$	$5\%<x<10\%$	$\leqslant 5\%$	随机抽查
基础设施（30分）	公共设施（10分）	类型一：游步道	6	建有宽1.5m以上游步道和对外连接路、无障碍通道等	路面差、对外连接不畅	基本能通行	路况好，通行顺畅	
		类型二：游船码头	6	在具备通航能力的江河湖库两岸建设的翠竹长廊，原则上配备年检合格的船只、建设旅游码头	无	有游船、码头，但设施老化或运行能力弱	有游船、码头，且布局合理、运行良好	江河湖库型
		观景设施	2	适宜位置配套修建观景或摄影亭、休息座椅、条凳等	无	较少	位置适宜且布局合理，能满足群众需要	
		指示牌	2	在游步道、码头等位置设置厕所、景区、农家乐、加油站、购物点等指示牌	指示牌数量少或位置不合理，指示效果差	指示牌数量、位置基本合理，指示效果一般	指示路牌清晰、准确，数量、位置合理，效果好	
	便民设施（10分）	通信设施	2	翠竹长廊区域内4G网络覆盖率	$x<70\%$	$70\%\leqslant x<100\%$	$x=100\%$	
		公共厕所	2	修建公共厕所，原则上每1km（3km）一个	$x<5$个	5个$\leqslant x<10$个	$x\geqslant 10$个	可与农村村社、旅游景点、竹林人家的公共厕所结合
		垃圾桶	2	合理设置垃圾分类收集设施，原则上每500m设置一组	$x<10$组	10组$\leqslant x<20$组	$\geqslant 20$组	可与乡村、社区垃圾收集点结合

续表

评定指标			分值	指标评价内容（公式计算结果=x）	评分标准(得分比值)			备注
一级指标	二级指标	三级指标			差	一般	好	
					0	0.6	1	
基础设施（30分）	便民设施（10分）	停车场	2	在适宜位置设有停车场	无	有停车场，但停车位在20个以内	合理布设2个以上停车场，停车位30个以上	
		便民铺	2	在景观节点、停车场等地配套设有购物店或无人售货柜等	2个以下	2～3个	3个以上	
	安全设施（10分）	电子监控	4	在景观节点、停车场、便民铺、科普馆等地配套安设电子监控设备	无	部分地点有	比较完善且正常运行	
		安全护栏	6	在游步道、码头、景观设施、停车场等存在安全隐患的地段(位置)设置安全护栏、隔离栅并标识提示	少数地段(点)有	多数地段(点)有	比较完善	
宣传教育（10分）	长廊宣传（6分）	长廊介绍	6	在翠竹长廊起点、终点或对外连接路入口显眼位置设置翠竹长廊简介牌	2个以下，制作粗糙，介绍内容不全	2～3个，位置基本合理，介绍内容比较完整	3个以上，且位置合理、制作精美，安装牢固、介绍内容完整	图示起止点和基础设施位置，说明建成时间、主要竹种、管理者等
	竹种介绍（4分）	竹种标志	4	分段对不同竹种悬介绍牌	覆盖70%以下的竹种，标识准确，介绍牌比较耐用	覆盖70%～90%的竹种，标识准确，介绍牌比较耐用	覆盖90%以上竹种，标识准确，介绍牌经久耐用	包括中文名、拉丁学名、主要用途
组织管理（10分）	竹林管理（4分）	建立护竹讲解员制度	4	选聘护竹员对竹林及竹种标识进行日常管护，培训竹林讲解员向游客讲好竹子故事	未建立	已建立但效果不好	已建立且效果持续良好	
	环卫管理（3分）	建立保洁制度	3	按村组织人员每天对游步道、码头、公共厕所、垃圾桶、停车场、观景设施等进行保洁，并对翠竹长廊范围内的生产垃圾、生活垃圾、畜禽粪污等进行有效处理和回收利用	未建立	已建立但效果不好	已建立且效果持续良好	
	安保管理（3分）	建立巡逻制度	3	组织人员开展安全、卫生、秩序巡查，确保翠竹长廊所涉区域干净卫生、安全稳定	未建立	已建立但效果不好	已建立且效果持续良好	

附表二 现代竹产业基地认定评分表

一级指标	二级指标	三级指标	分值	指标评价内容（公式计算结果=x）	评分标准（得分比值）			备注
					差	一般	好	
					0	0.6	1	
合计			100					
基地规模（30分）	示范林面积（30分）	类型一：山区县	30	基地内集中连片的竹林面积达到2万亩以上	$x<80\%$	$80\%\leqslant x<100\%$	$x\geqslant100\%$	按竹林小班调查表统计达标率
		类型二：丘区及平原县	30	基地内集中连片的竹林面积达到1万亩以上	$x<80\%$	$80\%\leqslant x<100\%$	$x\geqslant100\%$	
基础设施（20分）	道路建设（10分）	路网密度	10	基地内每万亩竹林生产道路须达10km以上，且机动车通行能力好	$x<$8km/万亩	8km/万亩$\leqslant x<$10km/万亩	$x\geqslant$10km/万亩	按通行里程计算
	灌溉设施（4分）	蓄水池	4	基地内排灌设施完善，每亩蓄水池1m^{3}以上	$x<$0.7m^3/亩	0.7m^3/亩$\leqslant x<$1m^3/亩	$x\geqslant$1m^3/亩	
	森保设施（4分）	有害生物监测及防治设施	2	基地内有害生物预测预报及防治设施设备完善	不完善	较为完善	完善	
		林火监测及防火设施	2	基地内森林火灾监测及扑火设施设备完善。	不完善	较为完善	完善	
	宣传标牌（2分）	路边宣传牌	2	在示范基地与外连接路的入口旁，设有“现代竹产业示范基地”宣传牌	无	1块	2块以上	醒目、简洁、牢固耐用
科技示范推广（40分）	良种推广（10分）	良种化率	10	基地内优先使用生产潜力大、市场前景好且在推广范围内经审（认）定的优良品种。良种使用率应达到100%	$x<80\%$	$80\%\leqslant x<100\%$	$x=100\%$	按示范基地面积测算，每项提供佐证资料
	现代实用技术（选择5项，20分）	定向培育	4	根据市场或企业需要，统一定制竹林生产培育技术	无	多数地块实施	全部实施	
		立竹密度调整	4	基地内立竹密度适宜、竹龄结构合理，生长良好	竹林密度过小、过大或采伐不及时	竹林密度、竹龄结构基本合理	竹林密度、竹龄结构适宜，竹林整体生长健康	
		测土配方施肥率	4	进行了土壤检测，并依据检测结果施行配方施肥	$x<80\%$	$80\%\leqslant x<100\%$	$x=100\%$	
		竹林复壮	4	及时清除竹蔸、断竹竿、枯死竹竿（竹笋），并松土、除草	未采取有关措施	每年实施一次	每年实施两次	
		病虫害生物防治率	4	基地内发生病虫害时，采取生物防治技术	$x<60\%$	$60\%\leqslant x<90\%$	$x\geqslant90\%$	
		机械化率	4	基地内推广使用机械化采伐、挖笋、打蔸、施肥等	$x<50\%$	$50\%\leqslant x<80\%$	$x\geqslant80\%$	

续表

一级指标	二级指标	三级指标	分值	指标评价内容（公式计算结果=x）	评分标准（得分比值）			备注
					差	一般	好	
					0	0.6	1	
科技示范推广（40分）	现代实用技术（选择5项，20分）	竹下生态种养覆盖率	4	基地内推广竹菌、竹药、竹禽等立体循环种养模式	x<60%	60%≤x<90%	x≥90%	
		保温保墒技术覆盖率	4	基地内通过覆盖糠壳、环保薄膜等增加低温、墒情，促进竹林生长或早发笋等	x<60%	60%≤x<90%	x≥90%	
		产品初加工率	4	基地内所产竹材、竹笋及竹下种养产品能就地加工转化	x<60%	60%≤x<80%	x≥80%	按示范基地年产量测算，提供佐证资料
	示范标牌（5分）	技术标牌	5	基地内，在每项实用技术施行地块上，设立标识牌。牌上写明示范技术名称、示范面积、示范技术施行时间和主要内容、示范管理者	x<5块，标牌内容不完整或不规范	x=5块，但内容不完整或不规范	x>5块，且内容完整、制作规范、美观	
	技术推广（5分）	技术培训覆盖率	5	基地内，每年开展现代实用技术培训2次以上，让多数从业者受训	x<70%	70%≤x<90%	x≥90%	提供佐证资料
绿色生产（6分）	环境保护（6分）	面源污染	2	基地内无面源污染事故	有		无	当地环保部门出具证明
		水源污染	2	基地内无水源污染事故	有		无	
		空气污染	2	基地内无空气污染事故	有		无	
质量安全（4分）	产品质量（4分）	质量安全事故发生情况	4	近3年内，基地内竹笋及竹下种养产品无质量安全事故	发生较大质量安全事故1次及以上	未发生较大质量安全事故	无事故	当地质检部门出具证明

附表三　竹林康养基地认定评分表

认定指标	分值	指标评价内容（公式计算结果=x）	评分标准（得分比值）			备注
			差	一般	好	
			0	按比例打分	1	
合计	100					
一、基地建设	22					
1.占地面积	5	以登记注册者为单位，经营管理面积达到一定规模	x<600 亩	600 亩≤x<750 亩	x≥750 亩	四周边界清晰无权属争议
2．森林覆盖率	8	基地内竹树花草品种不低于 10 种，以竹林为主的森林覆盖率达到 60%	x<50%	50%≤x<60%	x≥60%	县级林草部门提供证明
3.康养林质量	9	基地内竹、树、花、草生长健康，以竹为主的康养林评价达到良好或优质等级	较差	良好级，按 60%给分	优质级	
二、康养设施	24					
4.接待设施面积	2	接待设施面积达到一定规模	x<10000m^2	10000m^2≤x<15000m^2	x≥15000m^2	包括住宿、娱乐、餐叙等场所
5.餐饮设施面积	5	接待餐厅面积不低于 2500m^2，其中康养餐位达到 60%～80%	x<1500 m^2，其中康养餐位 x<1000 m^2	1500 m^2≤x<2500 m^2，其中康养餐位 1000m^2≤x<2000 m^2	x≥2500 m^2，其中康养餐位 x≥2000 m^2	
6.住宿设施	5	有 600 间以上可供出租的客房，其中康养床位按 20%～40%配备	x<500 间，其中康养床位 x<150 间	500 间≤x<600 间，其中康养床位 150 间≤x<240 间	x≥600 间，其中康养床位 x≥240 间	客房内有电视、电话、配有抽水马桶和洗浴设施的 3m^2 以上的独立卫生间
7.康养步道	3	基地内建有安全、自然、舒适且宽度在 1.2～2.0m、坡度≤7%的竹林康养步道 4km 以上	x<3km	3km≤x<4km	x≥4km	
8.观景设施	2	在康养步道旁、接待服务中心、集中居住地等位置建有安全的观景平台、摄影亭、休息座椅等	较少	较多，按 60%给分	布局合理，数量适宜，能满足需要	
9.医卫保健机构	3	建有治疗中老年常见病和进行意外伤害应急救护能力的医疗卫生保健机构 1 个以上	无		x≥1 个	
10.康养服务	2	建有瑜伽、按摩、SPA、传统中医养生等中小型康养服务点 2 个以上	无	1 个，按 50%给分	x≥2 个	
11.宣教展示中心	2	建有竹树花草科普、森林康养知识、竹文化、竹产品等综合展示、宣教中心 1 个以上	无		x≥1 个	

续表

认定指标	分值	指标评价内容(公式计算结果=x)	评分标准(得分比值)			备注
			差	一般	好	
			0	按比例打分	1	
三、配套设施	28					
12.道路建设	5	康养基地入口与基地外连接路达到三级公路标准，康养基地入口到基地内服务中心、各居住点、康养与餐饮活动场所形成内部公路网，路面好、通行顺畅	未形成公路网或进出不畅		形成路网且路面平整、通行畅通	
13.安全设施	5	在接待服务中心、居住点、餐饮点、观景亭、康养步道、康养服务点、医卫保健站、停车场、便民铺、宣展中心等公共区域安设电子监控设备或安全护栏、隔离栅并标识提示	较少	多数地段(点)有，按60%给分	比较完善且正常运行	
14.森保设施	4	基地内有害生物预测预报及防治设施设备、森林防火设施完善	不完善	较为完善，按60%给分	完善且使用正常	
15.宣传标牌	2	在康养基地对外连接公路和入口处，设有“***竹林康养基地”宣传牌	无	1块，按50%给分	2块以上	醒目、简洁、牢固耐用
16.通信网络	2	基地内通信、应急报警电话和网络全覆盖	x<100%		x=100%	
17.会议室	2	有1个容纳100人以上的会议室，至少有2个容纳20人以上的小会议室	无	有但设施不全，按60%给分	有且设备完善	会议室桌椅、电脑、投影设备齐全
18.便民设施	8	在基地入口适宜位置建有生态停车场，在接待服务中心、集中居住点、停车场、会议室、康养步道、宣展中心等地配建公共厕所、购物铺(柜)，基地的服务中心、居住点、餐饮点、便民铺、医疗点、康养点、停车场、公共厕所以及游步道等主要点位无障碍设施安全完善	较少	设施种类较全，基本能满足需要，按60%给分	种类齐全、布局合理，数量适宜，能满足需要	每个公厕为水厕或生态厕所，配男女厕位各2个以上
四、环境保护	12					
19.空气质量	2	符合环保总要求，空气清新，无异味，无群众举报	不符要求		符合要求	
20.饮水质量	2	达到《生活饮用水卫生标准》(GB 5749—2006)	不符要求		符合要求	
21.污染治理	6	基地内垃圾分类收集、及时清运或无害化处理，污水治理并达标排放，无噪声、水源、面源污染	不符要求		符合要求	
22.设备设施安装	2	经营范围内通电、通信、消防等各项设施设备及安装符合国家环境保护的要求，未造成环境污染和其他公害，未破坏自然资源	不符要求		符合要求	提供佐证资料
五、经营管理	6					
23.合法经营	2	按经营范围规定办理营业执照(三证合一)、卫生许可证、消防许可证和特种行业许可证	不齐全或部分过期		齐全且有效	

续表

认定指标	分值	指标评价内容(公式计算结果=x)	评分标准(得分比值)			备注
			差	一般	好	
			0	按比例打分	1	
24.食品安全	2	有健全的卫生管理制度并设专人负责卫生工作；建立食品台账，各种原料、辅料、调料应符合现行的产品标准或国家有关规定及要求；加工食品应当煮熟煮透，隔餐食品必须冷藏存放，生品、熟品要分别加工、存放；不得销售腐败变质、含有毒有害物质等不符合卫生条件的食品；餐(饮)具洗消保洁应符合《食品安全国家标准 消毒餐(饮)具》(GB 14934—2016)的规定，推行公筷、公勺	不符要求		制度健全，执行到位	
25.消防安全	2	有必要的消防设施，按消防规范配备灭火器；游乐设施应符合国家有关规定及安全要求；配备蛇药、虫咬药、摔伤药等常用药品；配备照明应急设施；与“110”联动；与“120”建立绿色通道	不符要求		制度健全，执行到位	
六、服务质量	8					
26.从业人员业务素质	2	①诚实守信，爱岗敬业，尽职尽责，注重效率，具有良好服务意识；②讲究仪表仪容，礼貌用语，着装统一，佩戴标志(胸牌)；③经专业培训合格，持证上岗；④有经过专业培训的管理人员和技术人员；⑤服务接待人员会用普通话进行服务	差	一般，按60%给分	好	符合4项及以上为好，3项为一般，不及3项为差
27.规范服务	4	按工种建立岗位责任制和服务质量标准，提供规范化服务	未建立	建立制度但服务不规范，按60%给分	制度完善且服务规范	上墙
28.诚信经营	2	根据条件合理设置并公开服务项目(含娱乐、健身、科普、体验等项目)及其收费标准	差	一般，按60%给分	好	上墙

附表四 竹林人家认定评分表

一级指标	二级指标	三级指标	分值	指标评价内容（公式计算结果=x）	评分标准（得分比值）			备注
					差	一般	好	
					0	0.6	1	
合计			100					
经营服务场地（18分）	规模（10分）	经营管理面积	10	以竹林接待经营户为单位，经营管理面积达到一定规模	$x<5000\mathrm{m}^2$	$5000\mathrm{m}^2\leqslant x<6000\mathrm{m}^2$	$x\geqslant 6000\mathrm{m}^2$	
	绿化美化（8分）	绿化率	8	竹林景观特色突出，以竹为主的绿化率较高（竹林开展科学经营、利用率达到90%以上）	$x<40\%$	$40\%\leqslant x<50\%$	$x\geqslant 50\%$	县级林业部门提供证明
生态环境保护（14分）	空气（2分）	空气质量	2	空气质量达到《环境空气质量标准》（GB 3095—2012）“环境空气功能区一类区要求”	不符要求		符合要求	出具检测报告
	噪声（2分）	噪声污染	2	声环境质量达到《声环境质量标准》（GB 3096—2008）“0类标准”	不符要求		符合要求	出具检测报告
	饮水（2分）	饮水质量	2	饮用水达到《生活饮用水卫生标准》（GB 5749—2006）“生活饮用水标准”	不符要求		符合要求	出具检测报告
	治污（2分）	污水排放	2	污水排放符合《污水综合排放标准》（GB 8978—1996）相关规定，无污水沉积，无异味	不符要求		符合要求	出具检测报告
	油烟排放（2分）	油烟污染	2	油烟排放符合《饮食业油烟排放标准》（GB 18483—2001）相关规定	不符要求		符合要求	出具检测报告
	垃圾处理（2分）	分类收集清运	2	垃圾处理符合《农村生活垃圾处理导则》（GB/T 37066—2018）和垃圾分类处理的相关规定	不符要求		符合要求	
	设备设施安装（2分）	通信、消防等设备安装	2	经营范围内通电、通信、消防等各项设施设备及安装符合国家环境保护的要求，未造成环境污染和其他公害，未破坏自然资源	不符要求		符合要求	提供佐证资料
接待服务设施（33分）	房屋面积（5分）	接待设施面积	5	接待设施面积达到一定规模	$x<800\mathrm{m}^2$	$800\mathrm{m}^2\leqslant x<1200\mathrm{m}^2$	$x\geqslant 1200\mathrm{m}^2$	包括休息、娱乐、餐叙等场所
	餐厅（10分）	餐厅面积	5	接待餐厅面积不低于200m²	$x<150\mathrm{m}^2$	$150\mathrm{m}^2\leqslant x<200\mathrm{m}^2$	$x\geqslant 200\mathrm{m}^2$	餐厅就餐面积
		餐厅雅间数	5	餐厅雅间数量不低于4间	$x<3$	$3\leqslant x<4$	$x\geqslant 4$	每间内就餐人数不多于20人
	会议室（5分）	会议设施	5	有1个容纳50人以上的中型会议室，至少有1个容纳10人以上的小会议室	无	有但设施不全	有且设备完善	会议室桌椅、电脑、投影设备齐全

续表

一级指标	二级指标	三级指标	分值	指标评价内容（公式计算结果=x）	评分标准（得分比值）			备注
					差	一般	好	
					0	0.6	1	
接待服务设施（33分）	客房（9分）	客房数量	5	有10间以上可供出租的客房	$x<7$	$7\leq x<10$	$x\geq 10$	客房内有电视、电话
		客房卫生间	4	每间客房内有面积大于4m^{2}的独立卫生间，并配有热水供应、洗浴、抽水马桶等设施	面积较小且设施设备不完善或不能正常使用	面积较小或设施设备不完善	面积较大、设施完备、使用正常	
	卫生间（4分）	公共卫生间	4	公共卫生间男女厕位各大于2个	$x<2$	$2\leq x<3$	$x\geq 3$	
经营管理（15分）	合法经营（5分）	办理相关证照	5	按经营范围规定办理营业执照（三证合一）、卫生许可证、消防许可证和特种行业许可证	不齐全或部分过期		齐全且有效	
	食品安全（5分）	制定和落实食品卫生管理制度	5	有健全的卫生管理制度并设专人负责卫生工作；建立食品台账，各种原料、辅料、调料应符合现行的产品标准或国家相关规定及要求；加工食品应当煮熟煮透，隔餐食品必须冷藏存放，生品、熟品要分别加工、存放；不得销售腐败变质、含有毒有害物质等不符合卫生条件的食品；餐（饮）具洗消保洁应符合《食品安全国家标准 消毒餐（饮）具》（GB 14934—2016）的规定，不得使用一次性餐具	不符要求		制度健全，执行到位	
	消防安全（5分）	制定和落实消防、安全管理制度	5	有必要的消防设施，按消防规范配备灭火器；游乐设施应符合国家有关规定及安全要求；配备蛇药、虫咬药、摔伤药等常用药品；配备照明应急设施；与“110”联动；与“120”建立绿色通道	不符要求		制度健全，执行到位	
服务质量（20分）	从业人员（5分）	业务素质	5	①诚实守信，爱岗敬业，尽职尽责，注重效率，具有良好的服务意识；②讲究仪表仪容，礼貌用语，着装统一，佩戴标志（胸牌）；③经专业培训合格，持证上岗；④有经过专业培训的管理人员和技术人员；⑤服务接待人员会用普通话进行服务	差	一般	好	符合4项及以上为好，3项为一般，不及3项为差
	服务机制（5分）	岗位责任制	5	按工种建立岗位责任制和服务质量标准	未建立	基本建立	建立完善	上墙
	服务标准（10分）	诚信经营	5	根据条件合理设置并公开服务项目（含娱乐、健身、科普、体验等项目）及其收费标准	差	一般	好	上墙
		规范服务	5	按岗位职责和操作规范，提供规范化服务	差	一般	好	

附表五 竹林小镇认定评分表

一级指标	二级指标	三级指标	分值	指标评价内容（公式计算结果=x）	评分标准（得分比值）			备注
					差	一般	好	
					0	0.6	1	
合计			100					
资源培育（30分）	森林面积（20分）	森林覆盖率	20	竹林小镇以行政区划的镇（乡）为单位创建，以竹林为主的森林覆盖率不低于50%（竹林开展科学经营、利用率达到85%以上）	$x<50\%$		$x\geqslant 50\%$	县级林业部门提供资源数据
	资源保护（10分）	森林管护率	10	辖区内森林管护机制健全、乡规民约落实到位，森林资源、古树名木管护率较高	$x<80\%$	$80\%\leqslant x<95\%$	$x\geqslant 95\%$	提供佐证材料
基础设施（20分）	交通设施（5分）	道路网络	5	镇域内对外连接路、通村路、竹林及其科教基地干道路硬化成网，竹区生产作业路、入户便道、竹景区（点）游步道通畅。综合通行率达到90%以上	$x<75\%$	$75\%\leqslant x<90\%$	$x\geqslant 90\%$	交通部门提供证明
	科教设施（7分）	教育基地	3	镇域内设立竹类教育（体验）基地1处以上，其中的科普设施、安全设施完善	无	有1处，但规模小、设施设备不完善	有2处，且规模适度、设施设备完善	
		科普宣传覆盖率	4	在村委会、竹旅游景点设有竹科普宣传专栏，印制并向村民、游客发放竹科普宣传手册，将竹自然生态体验教育纳入辖区中小学教育，学校每年开展竹自然生态体验教育活动1次以上	$x<75\%$	$75\%\leqslant x<90\%$	$x\geqslant 90\%$	专栏、科普手册或学校教育覆盖率按年度分别测算
	森保设施（4分）	林业有害生物监测及防治设施	2	辖区内林业有害生物预测预报及防治设施设备完善，有害生物成灾率控制在2‰以内	不完善，病虫害较重	较为完善，病虫害时有发生	完善，病虫害较少	县级主管部门提供证明材料
		森林火灾监测及防火设施	2	辖区内森林火灾监测及扑火设施设备完善，近3年未发生森林火灾	不完善，近3年发生较大森林火灾1次	较为完善，近3年未发生较大森林火灾	完善，近3逐步形成未发生森林火灾	
	环保设施（4分）	垃圾分类收集清运率	2	以村民小组或城镇社区为单元建有垃圾分类收集点，且每日清运	$x<75\%$	$75\%\leqslant x<90\%$	$x\geqslant 90\%$	提供佐证资料
		污水处理率	2	集镇、村民集中居住点、旅游服务点、养殖场等治污设施完善，污染物达标排放	$x<75\%$	$75\%\leqslant x<90\%$	$x\geqslant 90\%$	

续表

一级指标	二级指标	三级指标	分值	指标评价内容（公式计算结果=x）	评分标准（得分比值）			备注
					差	一般	好	
					0	0.6	1	
村容村貌（10分）	环境风貌（10分）	竹区整洁率	5	竹基地、竹景点、竹加工企业管理规范，设施设备干净卫生，无面源、水源、空气污染，无乱搭建、乱堆放	x<75%	75%≤x<90%	x≥90%	
		集镇村庄整洁率	5	道路、门店、村落、房屋院坝、厕所、停车场、宣传栏等干净整洁，民风淳朴	x<75%	75%≤x<90%	x≥90%	
竹资源开发利用（40分）	竹加工（10分）	就地转化率	10	合理布局初加工点（手工作坊），引进培育竹产品精深加工企业，竹产品就地加工转化率较高	x<50%	50%≤x<70%	x≥70%	按年消耗量统计
	竹旅游康养开发（10分）	接待人次	10	旅游、购物设施设备完善，以竹景区（点）、竹林人家为主的林业生态旅游康养等年接待游客10万人次	x<7万人次	7万人次≤x<10万人次	x≥10万人次	
	竹文化展示（10分）	场次	10	竹编、竹雕、竹画、竹摄影、竹诗词品鉴或竹影视、竹博览、竹创意等活动活跃	x<3次/年	3次/年≤x<5次/年	x≥5次/年	镇域内举办
	竹业效益（10分）	竹业收入占全年总收入的比重	10	全镇农村居民从竹业获得收益较高	x<15%	15%≤x<20%	x≥20%	须县级统计部门核实

附表六　竹特色村认定评分表

指标项目	具体标准	评(扣)分细则
竹农富(竹特色村经济收入)(20分)	竹产业产值年均增幅6%以上	达到，得5分；未达到，不得分
	竹类村级集体经济收入10万元以上	达到，得5分；未达到，不得分
	农村居民人均可支配收入1.5万元以上	达到，得5分；未达到，不得分
	农村居民人均竹产业收入占农村居民人均可支配收入的40%以上	达到，得5分；未达到，不得分
竹业强(竹特色村产业发展)(20分)	基地建设：现代竹林基地(良种化、区域化、规模化、集约化、设施化和标准化)3000亩以上；竹产业种植面积占村种植业面积60%以上	达到，得6分；缺1项达标，扣2分，扣完为止
	竹业产值：竹产业产值占比60%以上；竹类新型业态产值占比(含竹林人家、星级农家乐、民宿、电商等)20%以上	达到，得9分；缺1项达标，扣4分，扣完为止
	竹产业化。涉竹专业合作社、家庭农场、种养大户1个以上；竹产业加工转化占比(含竹片加工、竹根雕、竹家具、竹板材、竹编、竹食品)70%以上；竹业新技术应用率80%以上；平均每户参加竹类农民技术技能培训1人次以上	达到，得5分；缺1项达标，扣3分，扣完为止
竹村美(竹特色新村)(20分)	编制具有竹产业特色、竹地域特色、竹文化旅游特色、竹风貌特色的美丽宜居乡村建设规划；严格执行规划，新建、改造、保护全村全域覆盖	有，得5分；缺1项达标，扣1分，扣完为止
	农村人居环境整治任务全面完成；建成“三江田野·美丽宜宾”达标村(省市级“四好村”)或市级及以上乡村旅游示范村	完成，得10分；缺1项达标，扣5分，扣完为止
	房屋外观风貌整治完善；内部功能设施提升；房屋建筑上具有竹文化特色图文内容或图案装饰	达到，得5分；缺1项达标，扣1分，扣完为止
文化兴(竹特色村文化建设)(20分)	硬件建设：建有1个竹文化活动广场，面积不小于1000m^2；文化活动室，包括多功能活动室面积不小于90m^2；图书阅览室面积不小于20m^2；电子阅览室设备数量不小于2台；广播室(独立空间)面积不小于8m^2	达到，得10分；缺1项达标，扣2分，扣完为止
	软件建设：竹工艺从业人员户数不低于居民总户数的6%；形成有特色内容的竹文化品牌活动1个；组建业余文体团队1支；落实文化志愿服务者1名；村内配备医生，新型农村合作医疗参合率大于85%；市级以上文明村	达到，得10分；缺1项达标，扣2分，扣完为止
设施全(特色村基础设施和公共设施配套齐全)(10分)	村级公共服务活动中心服务设施面积大于300m^2；具有旅游咨询服务功能；教科文卫等农村基本公共服务实现全覆盖	达到，得5分；发现一处功能不具备扣1分，扣完为止
	路、水、电、气、信息等生产生活设施配套完善；旅游厕所1座以上，旅游交通标识牌完善，三星级农家乐(旅游民宿)2家以上	达到，得5分；发现一处不符合标准扣1分，扣完为止
机制活(特色村社会治理完善灵活)(10分)	党建引领强，基层组织建设好，村“两委”班子有力	达到，得4分；发现一处不符合标准扣1分，扣完为止
	自治、德治、法治相结合的治理体系基本形成	完成，得4分；发现一处不符合标准扣1分，扣完为止
	建立竹特色村(宜居乡村)建设常态化工作机制	建立，得2分；无，扣2分

附表七　竹林景区认定评分表

认定指标	分值	指标评价内容(公式计算结果=x)	评分标准(得分比值)			备注
			差	一般	好	
			0	按比例打分	1	
合计	100					
一、资源价值	70					
1.典型性	15	自然景观或人文景观资源稀有程度	景观特征不明显，缺乏代表性	自然景观或人文景观具有一定的代表性，代表省级水平，按50%～70%打分；代表地区级水平，按30%～50%给分	自然景观属国内同类型中的突出代表，或人文景观代表国家历史文化的重要过程	景观特征不明显，缺乏代表性，按0～20%打分
2.稀有性	15	自然景观以及人文景观资源的稀有程度	自然景观和人文景观较为普通	国内分布较少的、具有国家代表性的自然景观或文化遗迹和风情，按50%～70%给分；省内分布较少的、具有省级代表性的自然景观或文化遗迹，按30%～50%给分	世界少有或国内唯一的自然景观和人文景观，具有一定规模或数量	自然景观和人文景观较为普通，按0～20%打分
3.丰富性	10	资源类型的丰富度以及景点数量多少	资源类型单调，景点数量较少	景点数量较多，类型较少，按50%～70%给分；景点数量及类型较少，按30%～50%给分	资源类型丰富，景点数量众多，并且组合关系良好，或具有良好的生物多样性特征	资源类型单调，景点数量较少，按0～20%打分
4.完整性	10	自然景观资源和人文资源的保存程度，受人为干扰程度	自然景观和人文景观受到明显破坏，且不可以恢复	自然景观和人文景观保存基本完整，人为干扰较小，且不构成明显影响，按50%～70%给分；资源分布区域内居民较多，人为干扰明显，自然景观和人文景观保存不够完整，但可以恢复，按30%～40%给分	自然景观和人文景观基本处于自然状态或保持历史原貌，人为干扰少	自然景观和人文景观受到明显破坏，且不可以恢复，按0～20%打分
5.科学文化价值	5	在科学研究、科学普及和历史文化方面的学术价值和教育意义	学术价值和教育意义一般	具有一定的学术价值和教育意义，按40%～60%给分	具有很高的学术价值和教育意义	学术价值和教育意义一般，按0～20%打分
6.游憩价值	10	旅游资源单体在游乐休憩方面的作用	在观光游览和休闲度假方面价值一般，仅满足当地游客的旅游需要	在观光游览和休闲度假方面具有较高的开发利用价值，在省内具有较大影响力，按50%～70%给分	竹林景区在观光游览和休闲度假方面具有很高的利用价值，旅游开发条件良好，在全国范围内具有较大影响力	在观光游览和休闲度假方面价值一般，仅满足当地游客的旅游需要，按30%～40%打分
7.竹林景区面积	5	竹林景区规模大小	5～10km^2	10～50km^2，按80%给分	＞50km^2	5～10km^2，按60%给分
二、环境质量	15					
8.植被覆盖率	6	竹林景区植被覆盖率	x<20%	40%≤x≤60%，按50%～80%打分；20%≤x<40%，按20%～50%打分	x＞60%	

续表

认定指标	分值	指标评价内容(公式计算结果=x)	评分标准(得分比值)			备注
			差	一般	好	
			0	按比例打分	1	
9.环境污染程度	6	竹林景区环境受污染程度	主要指标明显不符合国家规范最低要求	部分低于一级标准，但全部符合国家规范要求，按50%～70%打分；主要指标符合国家规范的要求，按20%～30%给分	竹林景区地表水、地下水、大气、土壤等均达到国家相关规范规定的一级标准	
10.环境适宜性	3	竹林景区适宜于旅游活动区域的自然灾害影响程度	竹林景区适宜于旅游活动的区域有不可避让的自然灾害影响	竹林景区适宜于旅游活动的区域有自然灾害影响，但可以避让，按30%～80%给分	竹林景区适宜于旅游活动的区域无自然灾害影响	
三、管理状况	15					
11.机构设置与人员配备	5	竹林景区相关管理机构建设情况以及人员配备情况	尚未建立任何相关管理机构	具有能够履行保护资源职责的相关管理机构并配备相应的管理人员，但管理职权不能覆盖整个申报区域，按60%～80%给分；已建立相关管理机构，但管理力度弱，不能适应履行保护资源职责，按20%～40%给分	具有能够履行保护资源职责的相关管理机构和相应的管理职权，且专业技术人员占管理人员的比例不小于20%	
12.边界划定和与相关权益人协商	4	竹林景区资源分布与边界划定情况、与相关权益人协商情况	边界不清，申报区域内土地、森林等自然资源和房屋等财产的大部分所有权人、使用权人不同意设立省级竹林景区	边界清楚，取得主体资源分布区内土地、森林等自然资源和房屋等财产的所有权人、使用权人同意，绝大多数人支持设立竹林景区，并具有书面的协商内容和结果，按75%给分；边界清楚，取得主体资源分布区内土地、森林等自然资源和房屋等财产的所有权人、使用权人同意，绝大多数人支持设立竹林景区，并具有书面的协商内容和结果，按25%～50%给分	边界清楚，取得申报区域内土地、森林等自然资源和房屋等财产的全部所有权人、使用权人同意，具有书面协商的内容和结果	
13.基础工作	3	竹林景区资源管理、监测、运营情况	基础工作尚未开展	基本掌握竹林景区资源、环境本底，按70%给分；初步掌握竹林景区资源、环境本底，按30%给分	完成综合科学考察，系统全面掌握资源、环境本底，建立起较为完善的档案资料，并能及时予以监测	
14.管理条件	3	竹林景区基础设施、旅游服务设施建设情况	不具备管理所必需的基础设施和旅游服务设施	基本具备管理所需的各项基础设施和旅游服务设施，按70%给分；初步具备管理所需的基础设施和旅游服务设施，但条件较差，按30%给分	具备良好的基础设施与适宜的旅游服务设施，包括完备的办公、保护、科研、宣传教育、交通、通信、生活用房设施	

附表八　城镇竹园林认定评分表

认定指标	分值	指标评价内容（公式计算结果 $=x$）	评分标准（得分比值）			备注
			差	一般	好	
			0	按比例打分	1	
合计	100					
一、绿化占比	25	公园、游园类绿化占地比例应大于或等于 65%（x_1）；广场类绿化占地比例应大于或等于 35%（x_2）	$x_1<50\%$或$x_2<35\%$	$50\%\leqslant x_1<65\%$ 或 $20\%\leqslant x_2<35\%$	$x_1\geqslant 65\%$ 或 $x_2\geqslant 35\%$	实测
二、基础设施	25	包括休息、厕所、清洁与安全设施，每项设施满分为 5 分	少数地段（点）完善	多数地段（点）完善	完善	实测
三、总体设计	25	包括植物布局、游憩坡度、水体外缘、建筑物与构筑物，每项设施满分为 5 分	少数地段（点）设计达标	多数地段（点）设计达标	达标	实测
四、常态管护	25	古树名木保护规范	少数古树名木得到有效保护	多数古树名木得到有效保护	保护	实测

附表九　翠竹长廊(竹林大道)评价指标表

一级指标	二级指标	三级指标	评价内容	分值
自然资源条件(22分)	基本规模	长度	连续竹林长度不低于10km。其中连续竹林长度不低于10km得3分，其中有3处以下50m以内的间断得2分；其余不得分	3
		宽度	两侧的竹林宽度各不低于3m。其中两侧宽度≥3m得3分；2m≤两侧宽度<3m得2分；两侧宽度<2m不得分	3
	竹林环境	竹资源保护	竹资源丰富，竹林集中连片分布，保护完整得3分；有少部分间断但不影响整体连片得2分；其余不得分	3
		竹林面积	竹林面积不低于20亩，占总面积的比例不低于30%得3分；竹林面积不低于10亩，占总面积比例不低于30%得2分；竹林面积低于10亩不得分	3
		竹林生长状态	竹笋、立竹生长健康。其中病、虫、死、断、倒竹竿(竹笋)数不超过总数的10%，超过总数的10%酌情扣分或不得分	3
		生态系统稳定度	竹林内外环境构成的生态复合体相互制约和依存，能够长期维持生态系统稳定状态。按随机抽查打分	3
	人居环境	整体干净整洁度	环境整体干净整洁得2分，其余酌情得分	2
		整体舒适度	整体上给人舒适、洁净、愉悦的感受得2分，其余酌情得分	2
景观质量建设(18分)	风景线美观度	绿视率	人们眼睛所看到的物体中绿色植物所占的比例。其中绿视率≥25%得4分；20%≤绿视率<25%得3分；15%≤绿视率<20%得2分；10%≤绿视率<15%得1分；绿视率<10%不得分	4
		色彩度	整体以绿色为主，人们眼睛所看到的物体中彩色植物所占的比例。其中色彩度≥5%得4分；3%≤色彩度<5%得2分；色彩度<3%酌情扣分或不得分	4
		物种多样性	除竹林外，有丰富的植物与动物共同构成风景线。按随机抽查打分	4
	风貌和谐度	与周围资源协调度	风景线内部与外部相关园林设计规整，相关标识与周围环保协调得3分，其余酌情扣分	3
		地域风貌打造	有效融入地域风貌与特色，共同形成美丽的竹林景观形象得3分，其余酌情扣分	3
人文内涵建设(12分)	标志物打造	建设数量	具有较强或极强的标志性建筑或群落1个或以上，视觉焦点突出得3分；无较强或极强的标志性建筑或群落不得分	3
		地域特色度	人文景观内涵丰富，能有效体现地域特色得3分，其余酌情扣分	3
	科普美育	人文科普作用	具有一定的人文内涵积淀，美育作用明显得3分，其余酌情扣分	3
		人文展现度	能展现较高的人文价值并以竹为创作素材得3分，其余酌情扣分	3

续表

一级指标	二级指标	三级指标	评价内容	分值
生态效益建设（48分）	质量指标	自然度	翠竹长廊结构与同一地区原始竹林结构的相似程度，一般划分为Ⅰ级、Ⅱ级、Ⅲ级、Ⅳ级；对照自然度等级分别得4分、2分、1分、0分	4
		郁闭度	林冠的垂直投影面积与林地面积之比。竹林郁闭度≥0.2得4分；0.1≤竹林郁闭度<0.2得1分；竹林郁闭度<0.1不得分	4
		完整度	植被层中竹林层、林下层、地被层的完整程度，根据抽样调查酌情打分	4
		龄组	根据竹林层优势树种的平均年龄确定，一般分为幼龄、中龄、成熟龄等。当竹林龄种为成熟龄得4分；中龄得2分；幼龄得1分	4
	环境指标	大气质量	指大气受污染的程度，即自然界空气中所含污染物质的多少。一般分为一级、二级、三级，分别得3分、1分、0分	4
		地表水质量	指陆地表面上动态水和静态水的质量。一般分为Ⅰ类、Ⅱ类、Ⅲ类，分别得4分、2分、0分	4
		土壤质量	土壤在生态系统中保持生物的生产力，维持环境质量，促进动植物健康的能力。一般分为一级、二级、三级，分别得4分、2分、1分	4
		声环境质量	指在工业生产、建筑施工、交通运输和社会生活中所产生的生活环境声音。一般分为0类、1类、2类、3类及以下，分别得4分、2分、1分、0分	4
		空气细菌	主要指存在于空气中的有害微生物，根据抽样调查酌情打分	4
		负氧离子	是指获得多余电子而带负电荷的氧离子，根据抽样调查酌情打分	4
		植物精气	是由竹叶等释放的挥发性物质的混合物，又称芬多精，根据抽样调查酌情打分	4
		温湿指数	当日最高气温和14时相对湿度的预报值计算指数值。其中温湿指数在6～7级得4分；温湿指数在8～9级、4～5级得1分；其余温湿指数不得分	4

附表十 现代竹产业基地评价指标表

一级指标	二级指标	三级指标	评价内容	分值
基本规模 (30分)	示范林面积	—	山区县集中连片竹林面积达到1.6万亩以上；平原丘陵县达到0.8万亩以上得30分。若未达标按竹林小班调查表统计达标率分别按总分值的20%、40%、60%、80%得分	30
基础设施建设 (20分)	道路建设	路网密度	生产道路≥8km/万亩，且具有良好机动车通行能力得5分；5km/万亩≤生产道路<8km/万亩得3分；3km/万亩≤生产道路<5km/万亩得1分；生产道路<3km/万亩不得分	5
	灌溉设施	蓄水池	蓄水池容量≥0.7m^3/亩得4分；0.5m^3/亩≤蓄水池容量<0.7m^3/亩得2分；蓄水池容量≤0.5m^3/亩不得分	4
	森林保护设施	有害生物监测与防治	基地内有有害生物监测与防治设施，将有害生物发生率控制在0.2%以下的竹林面积占比得3分；大于0.2%的酌情扣分或不得分	3
		林火监测与防治设施	基地内森林火灾监测及扑火设施设备完善得3分；设施较为完善且可用得1分；设施不完善不得分	3
	服务设施	宣传设施	入口设有“XXX/省级现代竹产业示范基地”宣传牌得3分；无宣传牌不得分	3
		绿化与小品	必要地段设置如亭台楼阁、公共座椅等景观设施得2分；必要地段有设置但不完善得1分；未设置不得分	2
科技示范建设 (30分)	现代技术应用	良种化率	有在推广范围内经审(认)定的优良品种一种及以上得2分；无优良品种不得分	2
		定向培育	根据市场或企业需要，统一定制竹林生产培育技术的竹林面积占比。其中定向培育竹林面积占比≥60%得2分；30%≤定向培育竹林面积占比<60%得1分；定向培育竹林面积占比<30%不得分	2
		立竹密度调整	基地内立竹密度适宜、竹龄结构合理、生长良好的竹林面积占比。其中竹林面积占比≥80%得2分；50%≤竹林面积占比<80%得1分；竹林面积占比<50%不得分	2
		测土配方施肥	进行了土壤检测，并依据检测结果施行配方施肥的竹林面积占比。其中竹林面积占比≥80%得2分；50%≤竹林面积占比<80%得1分；竹林面积占比<50%不得分	2
		竹林复壮	及时清除竹蔸、断竹竿、枯死竹竿(竹笋)，并松土除草的竹林面积占比。其中竹林面积占比≥80%得2分；50%≤竹林面积占比<80%得1分；竹林面积占比<50%不得分	2
		病虫害生物防治率	基地内发生病虫害时，采取生物防治技术使有害生物发生率控制在0.2%以下的竹林面积占比。其中竹林面积占比≥80%得3分；50%≤竹林面积占比<80%得2分；竹林面积占比<50%不得分	3
		机械化率	基地内推广使用机械化采伐、挖笋、打蔸、施肥等竹林面积的占比。其中竹林面积占比≥50%得3分；30%≤竹林面积占比<50%得2分；竹林面积占比<30%不得分	3

续表

一级指标	二级指标	三级指标	评价内容	分值
科技示范建设（30 分）	现代技术应用	竹下生态种植覆盖率	基地内推广竹菌、竹药等竹下生态种植模式的竹林面积占比。其中竹林面积占比≥60%得 3 分；30%≤竹林面积占比<60%得 2 分；竹林面积占比<30%不得分	2
		保温保墒技术覆盖率	基地内通过覆盖糠壳、环保薄膜等增加低温、墒情，促进竹林生长或早发笋等的竹林面积占比。其中竹林面积占比≥60%得 2 分；30%≤竹林面积占比<60%得 1 分；竹林面积占比<30%不得分	2
		产品初加工率	基地内所产竹材、竹笋及竹下种养产品能就地加工转化的竹林面积占比。其中竹林面积占比≥60%得 3 分；30%≤竹林面积占比<60%得 2 分；竹林面积占比<30%不得分	3
	示范标牌	技术标牌	基地内有详细的实用技术信息标识牌数≥3 块得 2 分；1 块≤标识牌数<3 得 1 分，无标识牌不得分	2
	技术推广	专家指导	每年至少开展专家基地指导 3 次得 2 分；1～2 次得 1 分；未开展不得分	2
		技术人才培养	每年开展现代实用技术培训 2 次以上得 3 分；1～2 次得 1～2 分；未开展不得分	3
生态环境建设（14 分）	环境保护	污染源	近 2 年基地内无面源、水源和空气污染事故得 7 分，需当地生态环境部门出具证明，其余酌情扣分	7
	周围环境	生态和谐度	与周围环境生态和谐发展，不对周围造成生态压力得 7 分；出现一次事故扣 2～3 分	7
产品质量安全（6 分）	产品质量	事故发生	近 3 年基地竹笋及竹下种养产品无质量安全事故得 6 分，需当地质检部门出具证明；出现一次事故扣 2～3 分	6

附表十一　竹林康养基地评价指标表

一级指标	二级指标	三级指标	评价内容	分值
基本规模（20分）	自然、人文康养设施面积	自然连片竹林面积	连片竹林面积≥600亩得10分；450亩≤连片竹林面积<600亩得7分；300亩≤连片竹林面积<450亩得4分；150亩≤连片竹林面积<300亩得1分；连片竹林面积低于150亩不得分	10
		康养相关设施占地面积	相关康养步道、功能建筑满足使用需求，1万亩竹林配套500～2000m^2相关设施占地得10分；配套200～500m^2相关设施占地得4分；配套200m^2及以下相关设施占地不得分	10
基础设施建设（20分）	道路建设	路网密度	形成路网且路面平整、通行畅通	4
	服务设施建设	停车位	参考景区停车位设置满足基地使用得4分，其余酌情扣分	4
		游客服务中心	至少设置1个游客服务中心得4分；未设置游客服务中心不得分	4
		宣传设施	入口设有“省级竹林康养基地”宣传牌得4分；未设置宣传牌不得分	4
		绿化与小品	必要地段设置如亭台楼阁、公共座椅等景观设施得4分；未设置或设置不完善得0～2分	4
康养设施与环境建设（42分）	康体设施	运动康体设施	设有如羽毛球场、足球场等类似的运动康体场地1处以上得4分；1处得2分；未设置不得分	4
		恢复性康体设施	结合医疗进行辅助性康复的设施与场地1处以上得5分；1处得3分；未设置不得分	5
	康体环境建设	大气环境	是指大气受污染的程度，即自然界空气中所含污染物质的多少。一般分为一级、二级、三级，分别得3分、2分、1分	3
		水环境	指陆地表面上动态水和静态水的质量。一般分为Ⅰ类、Ⅱ类、Ⅲ类，分别得3分、2分、1分	3
		声环境	指在工业生产、建筑施工、交通运输和社会生活中所产生的生活环境声音。一般分为0类、1类、2类、3类及以下，分别得3分、2分、1分、0分	3
		空气细菌	主要指存在于空气中的有害微生物，按照实际抽样调查打分	3
		负氧离子	是指获得多余电子而带负电荷的氧离子，按照实际抽样调查打分	3
		植物精气	是由竹叶等释放的挥发性物质的混合物，又称芬多精，按照实际抽样调查打分	3
		人体舒适度	人体感觉舒适的指数范围。其中舒适度指数在6～7级得3分；舒适度指数在8～9级、4～5级得1分；其余舒适度指数不得分	3

续表

一级指标	二级指标	三级指标	评价内容	分值
康养设施与环境建设（42 分）	四感体验度	视觉美誉度	基于视觉心理的美观程度高，视觉信息传递科学性与视觉焦点选择恰当，根据抽样调查酌情打分	3
		嗅觉舒适度	无刺激异味，对竹林风景线从生理与心理所感受到的满意程度，根据抽样调查酌情打分	3
		听觉愉悦度	周围的人造及自然声音分贝合适，令人愉悦程度高。根据抽样调查酌情打分	3
		触觉柔润度	建造风景线触觉柔润，过硬或过尖物体少。根据抽样调查酌情打分	3
生态保护与修复（18 分）	环境保护	污染源	基地内无面源污染、水源污染与空气污染得 9 分，其余酌情扣分	9
	与周围环境	生态和谐度	与周围环境生态和谐发展，不对周围环境造成生态压力得 9 分，其余酌情扣分	9

附表十二　竹林人家评价指标表

一级指标	二级指标	三级指标	评价内容	分值
自然资源条件（40分）	森林面积	森林覆盖率	竹林小镇以行政区划的镇（乡）为单位创建，以竹林为主的森林覆盖率。森林覆盖率>40%得10分；20%<森林覆盖率≤40%得4分；森林覆盖率≤20%不得分	10
	资源保护	森林管护率	辖区内森林管护机制健全、乡规民约落实到位，森林资源、古树名木管护率。管护率>80%得10分；65%<管护率≤80%得6分；50%<管护率≤65%得2分；森林覆盖率≤50%不得分	10
	接待服务	房屋面积	接待设施面积。设施面积>800m^2得3分；400m^2<设施面积≤800m^2得1分；设施面积≤400m^2不得分	3
	餐厅	面积	接待餐厅面积。接待餐厅面积>150m^2得3分；100m^2<接待餐厅面积≤150m^2得1分；接待餐厅面积≤150m^2不得分	3
		雅致间	餐厅雅间数量不低于3间得3分；雅间数量1～2间得1分；无雅间不得分	3
	会议室	会议设施	有1个容纳50人以上的中型会议室，至少有1个容纳10人以上的小会议室得3分；无会议室不得分	3
	客房	客房数量	可供出租的客房数量>7间得3分；4间<可供出租的客房数量≤7间得1分；可供出租的客房数量≤4间不得分	3
		客房卫生间	每间客房内有面积不小于3m^2的独立卫生间，并配有热水供应、洗浴、抽水马桶等设施得2分，设施缺乏或不完善不得分	2
	卫生间	公共卫生间	公共卫生间男女厕位各大于2个得3分；设施缺乏或不完善不得分	3
生态环境建设（20分）	空气	空气质量	符合环保要求，空气清新，无异味，无群众举报得4分，其余根据实地抽样调查酌情扣分	4
	噪声	噪声污染	符合环保要求，无群众举报得3分，其余根据实地抽样调查酌情扣分	3
	饮水	饮水质量	符合环保要求，饮水安全得3分，其余根据实地抽样调查酌情扣分	3
	治污	污水排放	符合环保要求，无水源和土地污染得3分，其余根据实地抽样调查酌情扣分	3
	垃圾处理	分类收集清运	垃圾集中清运处理，无堆积得3分，其余根据实地抽样调查酌情扣分	3
	设备设施安装	通信、消防等设备安装	经营范围内通电、通信、消防等各项设施设备及安装符合国家环境保护的要求，未造成环境污染和其他公害、未破坏自然资源得4分，其余根据实地抽样调查酌情扣分	4

续表

一级指标	二级指标	三级指标	评价内容	分值
经营管理（20分）	合法经营	办理相关证照	按经营范围规定办理营业执照（三证合一）、卫生许可证、消防许可证和特种行业许可证得10分；不齐全或部分过期酌情扣0～10分	10
	食品安全	制定和落实食品卫生管理制度	有健全的卫生管理制度并设专人负责卫生工作，建立食品台账，各种原料、辅料、调料应符合现行有效的产品标准或国家有关规定及要求等	5
	消防安全	制定和落实消防、安全管理制度	有必要的消防设施，按消防规范配备灭火器，游乐设施应符合国家有关规定及安全要求，配备蛇药、虫咬药、摔伤药等常用药品，配备照明应急设施，与“110”联动；与“120”建立绿色通道；不符合要求不得分	5
服务质量建设（20分）	从业人员	业务素质	爱岗敬业，经专业培训合格后持证上岗，管理人员和技术人员经过专业培训，服务人员能使用普通话服务得5分；部分未达标得1分	5
	服务机制	岗位责任制	按工种建立岗位责任制和服务质量标准得5分；未建立且服务不规范不得分	5
	服务标准	诚信经营	根据条件合理设置并公开服务项目（含娱乐、健身、科普、体验等项目）及其收费标准得5分；未建立且服务不规范不得分	5
		规范服务	按岗位职责和操作规范，提供规范化服务得5分，未按照规范服务不得分	5

附表十三　竹林小镇评价指标表

一级指标	二级指标	三级指标	评价内容	分值
自然资源条件（30分）	森林面积	森林覆盖率	竹林小镇以行政区划的镇（乡）为单位创建，以竹林为主的森林覆盖率不低于40%。其中森林覆盖率≥40%得20分；30%≤森林覆盖率<40%得10分；森林覆盖率<30%酌情扣分或不得分	20
	资源保护	森林管护率	辖区内森林管护机制健全、乡规民约落实到位，森林资源、古树名木管护率不低于80%。其中森林管护率≥80%得10分；50%≤森林管护率<80%得5分；森林管护率<50%酌情扣分或不得分	10
基础设施建设（20分）	交通	路网建设	竹区生产作业路、入户便道、竹景区（点）步道通畅，综合通行率达75%以上。其中综合通行率≥75%得5分；50%≤综合通行率<75%得3分；综合通行率<50%不得分	5
	科教宣传设施	教育基地	纳入辖区中小学教育、学校每年开展竹自然生态体验教育活动1次以上得3分；未开展不得分	3
		科普宣传	有效融入地域风貌与特色，共同形成美丽的竹林风景形象酌情打分	4
	森保设施	林业有害生物监测与防治	设施设备完善，有害生物成灾率控制在2%以内得2分；控制在3%以内得1分；>3%不得分	2
		森林火灾监测与防火设施	设施设备完善，近3年未发生森林火灾得2分，若3年内有发生不同等级森林火灾均不得分	2
	环保设施	垃圾清理	以各村民小组或城镇社区为单元建有垃圾分类收集点，且每日清运得2分，其余酌情扣分	2
		污水处理	治污设施完善且做到一半及以上的达标排放得2分，一半以下的达标排放不得分	2
村容村貌建设（10分）	环境风貌建设	竹区整洁	竹基地、竹景点、竹加工企业管理规范，设施设备干净、卫生，无面源、水源、空气污染，无乱搭建、乱堆放得4分；少数点位存在脏乱现象得2分；多数点位存在脏乱现象不得分	4
		集镇村庄整洁	道路、门店、村落、房屋院坝、厕所、停车场、宣传栏等干净整洁，民风淳朴，仅少数点位存在脏乱差得3分，其余酌情扣分	3
		风貌统一度	风貌规划统一，具有一定地域特色得3分，其余酌情扣分	3
竹资源开发利用（40分）	加工与康养旅游开发	类型一：竹类加工就地转化率	引进培育竹产品精深加工企业，竹产品就地加工转化率较高。其中就地加工转换率≥50%得10分；30%≤就地加工转换率<50%得5分；就地加工转换率<30%不得分	10
		类型二：竹旅游康养	旅游、购物设施设备完善，以竹景区（点）、竹林人家为主的林业生态旅游等年接待游客人次。其中年接待游客人次≥7万人次得10分；5万人次≤年接待游客人次<7万人次得5分；年接待游客人次<5万人次酌情扣分或不得分	10
	竹文化展示	展示活跃度	竹编、竹雕、竹画、竹摄影、竹诗词品鉴或竹影视、竹博览、竹创意等活动活跃，每年3次以上得10分；每年2次以上得5分；每年1次以上得2分，其余不得分	10
	竹业效益度	竹业收入占全年总收入的比重	全镇农村居民从竹业获得收益较高，占15%及以上得10分；其余酌情扣分	10

附表十四　竹特色村评价指标表

一级指标	二级指标	评价内容	分值
产业规模（12 分）	接待人次	年接待人次 50 万人次以上得 6 分；40 万～50 万人次得 5 分；30 万～40 万人次得 4 分；20 万～30 万人次得 3 分；20 万人次以下得 0 分	6
	接待总收入	年接待总收入 2000 万元以上得 6 分；1500 万～2000 万元得 5 分；1000 万～1500 万元得 4 分；500 万～1000 万元得 3 分；500 万元以下得 0 分	6
综合效益（12 分）	就业人数比重	乡村旅游就业人数占农村劳动力比重，5%以上得 6 分；4%～5%得 5 分；3%～4%得 4 分；2%～3%得 3 分；2%以下得 0 分	6
	从业人数	直接从事旅游业农民因发展旅游获得的收入占农民纯收入比重，30%以上得 6 分；25%～30%得 5 分；20%～25%得 4 分；10%～20%得 3 分；10%以下得 0 分	6
特色品牌建设（25 分）	旅游景区建设	有乡村类旅游景区（3A 级以上）或度假区、示范乡、示范区等 3 项及以上得 10 分；2 项得 8 分；1 项得 6 分；没有得 0 分	10
	旅游发展项目	列入省级乡村旅游提升发展示范项目得 6 分；列入市州级得 4 分；列入县级得 2 分；没有得 0 分	6
	特色业态授权	获得省级精品乡村旅游特色业态授牌的 1 家以上或非精品的 5 家以上可得 6 分。只有非精品 3 家的得 3 分；其他为 0 分	6
	专业服务网站建设	有专业网站、微信或移动终端的旅游应用软件，并提供相应的网络预订与信息查询等，及时更新，专人维护得 3 分，其他酌情扣分	3
主题特色程度（14 分）	国内外权威机构认证	获得历史文化名镇、农业产业园区（基地）等省级以上政府部门和国内外权威机构颁发的相关荣誉 2 项以上，得 5 分；只有 1 项得 2 分	5
	定期举办节事与演艺活动	定期举办节事与演艺活动得 3 分；其中由省和市（州）政府共同主办得 5 分；由县（市、区）和乡（镇）共同主办得 3 分；其他酌情扣分	5
	名优特色商品打造	获得省级以上的旅游与名优商品打造得 4 分；有当地特色的旅游商品和手工艺品得 2 分	4
政策保障（13 分）	政府重视程度	党委政府高度重视乡村旅游发展，主要领导亲自挂帅，部门形成合力，出台政策到位，措施有力，得 5 分；其他酌情扣分	5
	发展资金投入	年投入乡村旅游发展的资金，500 万元以上得 5 分；300 万～500 万元得 3 分；100 万～300 万元得 1 分；低于 100 万元得 0 分	5
	乡村旅游或农家乐协会	成立乡镇乡村旅游或农家乐协会，并做出突出贡献得 3 分，其他酌情扣分	3
市场管理与服务（24 分）	健全的综合治理机制	设立专业质量监管或旅游执法固定人员、机构得 5 分；近三年每年开展相关整治工作得 3 分；其他酌情扣分	5
	投诉解决率	投诉解决率 95%以上得 5 分；其他酌情扣分	5
	管理与从业人员培训	培训率 95%以上得 4 分；其他酌情扣分	4
	游客满意率	游客满意率在 95%以上得 12 分，90%～95%得 10 分，85%～90%得 8 分，80%～85%得 6 分，75%～80%得 4 分，70%～75%得 2 分	10

附表十五 竹林景区评价指标表

一级指标	二级指标	评价内容	分值
资源价值(40分)	典型性	自然景观属国内同类型中的突出代表，或人文景观代表国家、地区历史文化的重要演进过程。国家级及以上得9～10分；省级得6～8分，地区级得3～5分	10
	稀有性	具有国家珍稀/濒危生态系统、野生动植物种、独有的地质地貌或演变过程、独有的民族风情等一定规模或数量自然、人文资源。国家级及以上得9～10分；省级得6～8分，地区级得3～5分	10
	丰富度	包含优质的地质地貌景观、水系景观、生物景观、气象景观等自然景观；优质的文物古迹景观、传统村落景观、建筑等物质文化景观资源，以及传统技艺景观、民族民俗景观、宗教礼仪景观等非物质景观文化资源。国家级及以上得9～10分；省级得6～8分，地区级得3～5分	10
	完整度	资源保存完整，无潜在威胁得9～10分；基本处于自然状态或维持历史原貌但具有潜在威胁得6～8分，略有破坏得3～5分，严重破坏不得分	10
资源培育(20分)	竹林景区面积	大于50km^{2}得5分；10～50km^{2}得4分；5～10km^{2}得3分	5
	科教文化	每年开展咨询讲解服务、户外导览活动、讲座等人员解说教育活动1～2项；科教宣传包含游客中心展览、标志标牌解说、实地资源解说及演示设备展示、网站展示、出版物及其他宣传资料等，满足2～3项	5
	游憩娱乐	具有较高的观赏游憩价值；有较好的声誉，受到80%以上游客和绝大多数专业人员的普遍赞美；洲际游客占一定比例；景区主题鲜明，特色突出，独创性强	10
环境质量(20分)	植被覆盖率	大于60%得8～10分；40%～60%得5～8分；20%～40%得2～5分；小于20%不得分	10
	环境适宜性	空气质量达《环境空气质量标准》(GB 3095—2012)的一级标准，声环境质量达到《声环境质量标准》(GB 3096—2008)的一类标准，地面水环境质量达到《地表水环境质量标准》(GB 3838—2002)的规定，污水排放达到《污水综合排放标准》(GB 8978—1996)的规定	5
	环境污染程度	地表水、地下水、大气、土壤等均达到国家相关规范规定的一级标准，得8～10分；部分低于一级标准，但全部符合国家规范要求，得5～7分；主要指标符合国家规范的要求，得2～3分；主要指标明显不符合国家规范最低要求，不得分	5
管理经营(20分)	管理机构	制定景区旅游管理制度或措施，并负责落实；建立安全管理责任制，落实人员设备；建立景区投诉制度，处理妥善及时；公开服务收费项目和收费标准，保证服务质量	8
	人员配备	管理运营部门人员配备合理，专业技术人员有一定占比；高级管理人员均应具备大学以上文化程度；上岗人员培训合格率达100%	3
	运营维护	设置为旅游者提供服务和受理投诉的游客服务中心和符合国家标准的公共信息图形标志；建立必要的安全设备、设施，对具有危险性的场所或项目设立明显的提示或者警示标志，并采取必要的安全防护措施；负责旅游景区日常环境卫生工作	6
	管理评估	定期监督检查各项经营管理制度落实情况，有完整的书面记录和总结	3

附表十六 城镇竹园林评价指标表

一级指标	二级指标	三级指标	评价内容	分值
绿化占比（40 分）	绿化占地比例	公园、游园类	绿化占城镇竹园林总面积比例。绿化占地比例≥65%得 20 分；50%≤绿化占地比例<65%得 10 分；绿化占地比例<50%得 5 分或不得分	40
		广场类	绿化占城镇竹园林总面积比例。绿化占地比例≥35%得 10 分；15%≤绿化占地比例<35%得 5 分；绿化占地比例<15%得 2 分或不得分	
		街旁绿地类	沿道路布置的路侧绿带宽度>8m 得 10 分；沿道路布置的路侧绿带宽度≤8m 得 5 分或不得分	
基础设施（30 分）	休息设施	休息座椅数量	容纳量按游人容量的 20%～30%设置得 5 分；容纳量按游人容量的 10%～20%设置得 2 分；容纳量不足游人容量的 10%不得分	5
		休息座椅旁应设置轮椅停留位置	休息座椅旁应设置轮椅停留位置，其数量不应小于休息座椅的 10%。停留位置数量≥10%得 4 分；停留位置数量<10%不得分	4
	厕所设施	厕位数量	面积大于或等于 10hm^2 的公园，应按游人容量的 2%设置厕所厕位(包括小便斗位数)，小于 10hm^2 者按游人容量的 1.5%设置。不足则不得分	5
		男女厕位比例	男女厕位比例宜为 1∶1，可根据实际需求量调整	2
	清洁设施	垃圾箱	公园陆地面积小于 100hm^2 时，垃圾箱设置间隔距离宜在 50～100m；公园陆地面积大于 100hm^2 时，垃圾箱设置间隔距离宜在 100～200m。按照规范设置得 6 分；未按照规范设置酌情扣分	6
		分类标志	使用有明确标识的分类垃圾箱得 3 分；未使用不得分	3
	安全设施	安全标志	存在安全隐患的设施都有明确的安全标志与提醒得 5 分；绝大部分存在安全隐患的设施有明确的安全标志与提醒得 3 分；仅少数存在安全隐患的设施有明确的安全标志与提醒不得分	5
总体设计（20 分）	植物布局	欣赏点	孤植树、树丛或树群至少应有一处欣赏点，视距宜为观赏面宽度的 1.5 倍或高度的 2 倍得 2 分；无欣赏点或视距不适宜不得分	2
		郁闭度	观赏树丛、树群郁闭度>0.50 得 1 分；观赏树丛、树群郁闭度≤0.50 不得分	1
		枝下净空	游人通行及活动范围内的树木，其枝下净空大于 2.2m 得 1 分，不足 2.2m 不得分	1
		路侧种植距离	园路两侧种植的乔木种植点距路缘大于 0.75m 得 1 分；不足 0.75m 不得分	1
	游憩坡度	适宜坡度	5.0%<坡度≤20.0%得 5 分；3.0%<坡度≤5.0%或 15.0%<坡度<20.0%得 3 分；其余坡度不得分	5
	水体外缘	人工驳岸常水位水深	无防护设施的人工驳岸，近岸 2.0m 范围内的常水位水深≤0.7m 得 3 分，常水位水深>0.7m 不得分	3
		临水设施常水位水深	无防护设施的园桥、汀步及临水平台附近 2.0m 范围以内的常水位水深≤0.5m 得 2 分，常水位水深>0.5m 不得分	2
	建筑物与构筑物	建筑层数	游憩和服务建筑层数以 1 层或 2 层为宜	2
		室内净高	室内净高不应小于 2.4m，亭、廊、敞厅等的楣子高度应满足游人通过或赏景的要求。室内净高≥2.4m 得 2 分；室内净高<2.4m 不得分	2
		室外踏步	游人通行量较多的建筑室外台阶宽度不宜小于 1.5m；踏步宽度不宜小于 30cm，踏步高度不宜大于 15cm 且不宜小于 10cm；台阶踏步数不应少于 2 级。完全符合得 1 分	1
常态管护（10 分）	古树名木保护	古树名木保护率	古树名木保护率≥80%得 5 分；50%≤古树名木保护率<80%得 3 分；古树名木保护率<50%不得分	10

后　记

本书出版之际，对相关单位领导和专家给予的帮助支持表示衷心感谢！

在资料收集和撰写过程中，四川省人民政府、四川省林业和草原局、宜宾市人民政府、宜宾市林业和竹业局相关领导，国际竹藤中心、浙江农林大学、四川农业大学、四川省林业科学研究院、宜宾林竹产业研究院有关学者给予了大力支持和悉心指导；有关设计单位、施工单位亦提供了优秀的示范案例。在竹林风景线建设的实践探索中，他们在不同的时间，从不同的方面，以多种方式给予了我们极大的鼓励和帮助。

本书在写作过程中参阅了大量论著、文献和设计文案，所列难免挂一漏万，我们在此对所有版权所有者表示诚挚的谢意；同时，感谢科学出版社在本书出版工作中的敬业和细致。

最后，要特别感谢竹林风景线的建设者们，他们从不同的专业领域、工作方向和实践经验出发，提出诸多有益的建议意见，推动了竹林风景线融合发展，在此向他们表示衷心的感谢。

由于作者水平有限，书中难免有不足和疏漏之处，敬请指正!